몸과 마음을 치유하는 138가지 제철 밥상

열두 달 절집 밥상

두 번째 이야기

조계종 공식 사찰 음식점 '발우공양' 총책임자 대안 스님 지음

웅진 리빙하우스

열두 달 절집 밥상,
두 번째 이야기를 열다

세상의 모든 음식은 생명과 연결되어 있습니다

우리들이 무언가를 먹는 것은 곧 생명력을 먹는 것이나 다름없습니다. 하물며 물 한 그릇에도 눈에 보이지 않는 많은 미생물이 살고 있습니다.

불교는 우주관과 세계관을 통해 인간이 다른 생명체와 공존하는 아름다운 삶의 형태에 대해 말하고 있습니다. '서로 연결되어 있으므로 다른 생명을 죽여서 식사하기보다는 각기 다른 생명도 그들의 언저리에서 행복하게 살아가도록 두려움을 주지 않는 것', 그것이 바로 비폭력적인 식사법임을 알려줍니다. 우주의 실상에서 부처가 찾은 깨달음은 다름 아닌 모든 이의 행복입니다. 행복감을 유지하기 위해, 또 매일매일 집착 없이 살아가기 위해, 음식에 대해서도 몸과 마음의 욕심과 이기심을 내려놓기를 기다리고 있습니다.

사찰 음식은 한국 불교의 자양분으로 자란 성스러운 음식입니다

사찰 음식이 일반 음식과 극명하게 다른 점은 역사와 전통이란 스토리를 품고 있고 그 스토리가 생명을 살리는 아름답고 고운 마음씨를 키우고 있다는 것입니다.

사찰 음식은 전통을 지키며 전수되어와서 조리법과 도구에도 특성이 있습니다. 현재 대중에 알려져 있는 조리법은 서양의 조리법입니다. 시대가 발달하면서 편리한 조리도구들 역시 눈에 띄게 많아졌지만 절집에서는 여전히 절구와 독, 채 등 전통 조리에서 쓰이던 도구를 이용합니다. 손맛이 깃든 음식을 만드는 것이지요.

먹어서 유익한, 선한 마음의 씨앗을 뿌리는 음식이 바로 사찰 음식입니다

그리하여 깨어지기 쉬운 육신에 깨달음을 추구하는 정신을 담기 위해 얼마나 많은 절제와 자제력이 필요한지 말하고 있습니다. 이는 세상의 모든 음식 중에서 선한 마음의 씨앗을 뿌리는, 이 사찰 음식을 외면하기 어려운 이유이기도 합니다.

사찰 음식에서 중요한 것은 자연스럽고 편안한 음식문화입니다. 번잡하거나 손이 많이 가거나 많은 양념을 필요로 하지 않지요. 설탕이 우리 밥상에 오른 지는 얼마 되지 않았습니다. 엿기름과 밥으로 만든 조청이 단맛을 대신하고, 기름 역시 아주 소량만 가미하는 조리법이 불과 30년 전만 해도 절집의 일상이었습니다.

출가한 직후 저는 노스님과 은사 스님께 음식을 배웠습니다. 그때는 솥에 물과 집간장을 넣고 바글바글 끓여 나물을 넣고 몇 번 뒤적뒤적한 후, 뚜껑을 덮어 익히고 꺼내어 깨와 산초기름 한 방울로만 맛을 내던 시절이었습니다. 그 후 시간이 흐르면서 팬에 기름을 두르고 채소를 볶는 일이 당연시되었지만 과거 어른들의 조리법은 지금과 사뭇 달랐습니다.

일반 음식과 더불어 조리 교육에서 쓰이는 양념과 조리법이 사찰 음식의 근거를 따라 자연스럽게 바뀌기를 염원하며 부족한 소양으로나마 두 번째 책을 세상에 내보이게 되었습니다. 사찰 음식을 외국인들이 더 선호하는 이유는 오래된 전통과 이야기를 품고 있기 때문입니다. 우리가 안전하고 착한 음식을 늘 먹을 수 있는 환경에 감사한 마음을 갖고, 그 가치와 진정성을 찾으려고 노력할 때 새로운 사고의 전환이 시작되지 않을까 기원해봅니다.

부처님께서 〈증일아함경增─阿含經〉에서 말씀하시되,
세존께서는 아나율 존자에게 말씀하셨다.
"온갖 법은 음식으로 말미암아 존재하게 된다. 눈은 빛깔을 음식으로 삼고, 귀는 소리를
음식으로 삼으며, 코는 냄새를 음식으로 삼고, 혀는 맛을 음식으로 삼으며, 몸은 닿음을
음식으로 삼고, 뜻은 법을 음식으로 삼으며, 열반은 방일放逸함이 없음을 음식으로
삼느니라."

그때 부처님께서 비구들에게 말씀하셨다.

"다시 다섯 가지가 있나니, 이것은 출세간出世間의 음식이다. 첫째는 선정의 음식인
선식禪食이요, 둘째는 서원의 음식인 원식願食이며, 셋째는 생각함의 음식인 염식念食이요,
넷째는 해탈의 음식인 해탈식解脫食이며, 다섯째는 기쁨의 음식인 희식喜食이니, 이것이
출세간의 음식이다. 모두가 다 함께 전념하여 인간 세계에 있는 네 가지 음식은 버리고
이 출세간의 음식을 이룩할지니라."

육신을 위한 음식뿐만 아니라 정신을 함양하는 음식의 중요성에 대하여 말씀하신 부처님의 뜻을 이어 수행자의 마음으로 음식을 대한다면 우리 마음 역시 쓸데없는 걱정과 욕심을 내려놓고 조금은 소박해지리라 생각합니다.

목차

여름

가을

일러두기

● 이 책에 소개된 요리는 4인분을 기준으로 합니다.

● '적당량' 또는 '약간'으로 표기된 양의 기준은 아래와 같습니다.
기준량을 참고하여 음식의 양과 상태, 조리도구의 크기 등에 따라 조금씩 조절하면
됩니다.

소금 엄지와 검지로 집어서 뿌리는 한 꼬집 정도
간장과 참기름 $\frac{1}{2}$작은술 정도
튀김용 식용유 5컵 정도(지름 24cm 팬 기준)

● 절집 밥상에 들어가는 재료의 기본은 '날것'이기 때문에 따로 표기하지 않고, 말린
재료 앞에만 '말린'이라고 표기했습니다. 다만 내용상 '생'이 '볶은' 등과 반대되는
의미로 부가적인 설명이 필요한 경우에만 앞에 '생'을 붙였습니다.

● 재료 사진은 4인분을 기준으로 하여 요리에 필요한 주재료를 넣어서 촬영했습니다.
재료의 양을 가늠하는 데 참고하세요.

● 채수는 각 쓰임새와 재료의 성질에 따라 물의 양이 달라져 재료에 따로 표기하지
않고 만드는 법에 표기했습니다. 일반적인 국물용 채수 만들기 방법은 29쪽에 따로
넣었습니다.

● 절집 밥상에서는 보통 재래식으로 만든 집간장을 씁니다. 다만 집간장이 시중에
판매되는 간장보다 염도가 높은 편이라 짠맛을 줄이거나 조림을 만들 때는 그
대용으로 송표간장을 사용합니다(원래 명칭은 '마산명산 몽고송표간장'이나 이 책에서는
줄여서 '송표간장'으로 표기했습니다). 집간장과 송표간장을 따로 표기했으니 각자
입맛과 음식의 쓰임에 따라서 염도를 감안하여 양을 조절하면 됩니다. 송표간장은
일반마트에서 쉽게 구할 수 있습니다.

● 튀김용 식용유의 온도는 180℃ 정도가 적당합니다. 예열한 튀김용 식용유에
튀김옷을 떨어뜨렸을 때 튀김옷이 바닥에 완전히 가라앉으면 150℃, 중간에 떠
있으면 180℃, 표면에 둥둥 떠 있으면 200℃ 정도입니다.

겨울

절집 밥상,
마음을 보다

절에서는 음식을 취하는 것을 식사가 아니라 '공양'이라고 합니다.
공경하는 마음을 담아 좋은 것을 부처님이나 스승, 부모 앞에 올리듯
좋은 음식을 만들고 먹는 일 또한 공덕을 쌓는 일이라는 것이지요.
절집 밥상을 만드는 것은 음식은 물론 몸과 마음까지 청결하게 하여
함께 차려내는 것이나 다름없습니다.

식사가 아닌 공양

발우공양 鉢盂供養 이란 불가의 공양법으로 스님들이 평소에 하는 식사를 말합니다. 발우는 스님들이
공양할 때 사용하는 식기로, 청수발우(청수그릇), 어시발우(밥그릇), 국발우(국그릇), 찬발우(찬그릇)의
네 가지가 있습니다. 스님들은 네 가지 발우를 펴서 청수를 발우에 담는 것으로 식사를 시작합니다.
그런 다음 자신의 발우에 먹을 양의 음식만 담아서 먹고, 소량의 물로 음식 찌꺼기를 닦아서
남은 음식을 모두 먹은 후 청수로 그릇을 헹구어 정리하는 것으로 식사를 마칩니다. 절집 밥상은
형식이나 보이는 면에서는 다소 차이가 있지만 발우공양의 엄격한 법도와 양식을 따르고 있습니다.
발우공양에 깃들어 있는 깊은 의미와 정신 역시 그대로 전합니다.

쌀 한 톨에도 감사하는 마음

앞서 언급했듯이 불가에서 밥을 먹는 행위를 식사가 아니라 공양이라고 하는 데에는 그 안에 감사와
공경의 마음이 담겨 있기 때문입니다. 음식의 재료를 품고 보살펴준 자연에 대한 고마움, 그것을
키우고 수확한 이들에 대한 감사, 부처님에 대한 은혜가 작은 밥풀 하나에도 서려 있지요.
불교의 기본 사상인 연기 緣起 는 이 세상에 태어난 모든 사물은 서로가 서로를 의지하는 밀접한 관계
속에서 살아간다고 말합니다. 현재 자신이 있기까지 수많은 존재가 작용을 한 것처럼 눈앞에 있는
음식에도 많은 이의 수고가 깃들어 있습니다. 이 사실을 잊는다면 쌀 한 톨마다 서려 있는 수많은
존재를 인식하지도 감사하지도 못하겠지요. 그래서 절집 밥상에서는 작은 생명 하나, 작은 밥풀
하나도 저버리지 않습니다. 절집 밥상을 준비해서 차리고 또 취하는 내내 이런 감사와 공경의
마음을 잊지 않아야 합니다.

필요한 만큼만 취해야 하는 좋은 약

요즘 우리는 음식이 넘쳐나는 세상에 살고 있습니다. 그러다 보니 배가 고파서, 꼭 필요해서 음식을
찾기보다는 그냥 습관적으로, 그저 새로운 맛을 즐기기 위해서 아무런 의식 없이 음식을 입에
넣는 생활을 반복하고 있습니다. 눈앞에 음식이 보이니 그저 욕심을 부리고, 남겨서 버리는 음식도
늘어납니다.
하지만 절집 밥상에서 음식은 꼭 필요한 만큼만 섭취해야 하는 좋은 약입니다. 자신이 담은 음식을
남김없이 먹어야 하는 발우공양에서 작은 욕심이라도 부리면 낭패를 보게 됩니다. 욕심을 버리고
자신이 필요한 만큼만 담아서 먹고 발우를 비우는 과정을 통해 우리는 자연스럽게 수행자가 되어
마음의 수양까지 쌓아가게 됩니다.

청정한 재료와 정갈한 마음

절집 밥상을 차리는 사람이 가져야 할 세 가지 덕성이 있습니다. 바로 청정淸正, 유연悠然, 여법如法입니다. 이 중에서 청정이 첫째로 꼽히는 이유는 불가에서 음식을 취하는 것이 몸과 마음을 청정하게 하는 하나의 수행이기 때문입니다. 절집 밥상에는 오신채(파, 마늘, 달래, 부추, 무릇 등)나 인공 조미료, 동물성 식자재가 들어 있지 않아야 하며, 청결한 조리도구와 식기를 사용하는 것은 물론 마음 또한 청정해야 합니다.

두 번째 덕성인 유연은 세심하게 살피는 자세를 말합니다. 먼저 식재료를 살펴 재료의 참맛을 가장 잘 살릴 수 있는 방법을 찾습니다. 또 음식을 먹는 이를 살펴 그 사람의 특성과 목적을 헤아립니다. 마지막으로 음식이 자극적이지 않은지 주의 깊게 살핍니다. 음식이 자극적이면 마음을 평정하게 유지하려는 이들의 위장에 부담을 줄 수 있기 때문입니다.

여법은 절집 밥상을 차리고 취하는 모든 과정이 법도와 일치해야 한다는 것입니다. 자연의 법칙에 따라 편안하게 길러진 재료는 그 기운을 오롯이 우리의 몸에 가져다줍니다. 가장 자연스러운 조리법으로 만드는 음식은 심신의 조화를 이루고 성장을 돕습니다. 사찰 음식이 슬로푸드로 불리는 것도 이 때문입니다. 그 반대에 있는 패스트푸드는 자연의 기운을 거스르는 음식입니다. 가공식품을 만들어 냉동으로 보관하는 인스턴트 음식 역시 태생적으로 육체의 조화를 무너뜨리고 마음에도 해를 끼치지요. 재료를 기르고, 다듬고, 만들고, 먹는 모든 과정에 만드는 이의 수고로움이 고스란히 담깁니다. 그만큼 마음을 정갈하게 하려는 노력이 필요합니다.

절집 밥상,
장을 보다

"스님, 그 재료는 어디에 가면 구할 수 있나요?"
절집 밥상에는 특별하고 귀한 재료만 들어간다고 생각하는 분들이
많습니다. 쉽게 생각하세요. 자연을 그대로 담은 절집 밥상의
장보기는 제철 재료를 구하는 것에서 시작합니다.

도시의 장보기

저는 재래시장을 좋아합니다. 절집 밥상을 꾸리는 데 필요한 다양한 재료를 구하기도 쉬울 뿐더러, 무엇보다 계절의 변화를 가장 먼저 알아챌 수 있는 곳이기 때문입니다. 철마다 재래시장 가판대를 가득 채우는 갖가지 신선한 재료들이 제철 절집 밥상에 대한 아이디어를 절로 떠오르게 합니다. 제철 재료를 잘 모르는 분도 쉽게 제철 재료를 파악할 수 있을 테고요. 하지만 상황이 여의치 않은데 무리해서 재래시장을 찾을 필요는 없습니다. 요즘은 웬만한 시장이나 마트에 가도 절집 밥상에 들어가는 재료들을 어렵지 않게 구할 수 있습니다. 판매하는 곳마다 각각 장단점이 있으니 상황에 맞게 선택하도록 하세요. 양념류 등 비교적 저장 기간이 길거나 시중에서 구하기 어려운 재료라면 직거래 장터를 이용하는 것도 좋은 방법입니다.

복식품(금강경독송회) | 전통 방식 그대로 일일이 손으로 작업하여 100% 자연 발효로 숙성시킨 장류가 유명합니다. 특히 장 담그는 시기인 음력 1~2월에는 국산 콩으로 만든 메주를 구할 수 있습니다.
www.bokfood.com

금당식품 | 금당사찰음식차문화원이 있는 지리산 금수암의 장독대에서 담그고 숙성시킨 된장, 간장, 고추장을 비롯해 장아찌, 효소, 송차 등을 구할 수 있습니다.
www.guemsuam.or.kr

봄	3월	쑥, 냉이, 광대나물, 세발나물, 원추리나물, 미나리, 취나물, 두릅
	4월	곰취, 미나리, 두릅, 엄나무순, 방풍나물, 봄동, 부추, 시금치, 양배추, 양상추, 취나물
	5월	땅콩, 방아잎, 가죽나물, 죽순, 곰취, 연근, 상추
여름	6월	풋콩, 감자, 열무, 머위, 가지, 애호박, 살구, 오이, 깻잎
	7월	보리, 상추, 열무, 머위, 오이, 애호박, 목이버섯, 감자
	8월	감자, 노각, 아삭이고추, 깻잎, 수삼, 연근, 오미자, 단호박
가을	9월	더덕, 연근, 버섯류, 사과, 토란, 고구마, 고추, 호박
	10월	토란, 우엉, 버섯류, 마, 도라지, 고구마, 당근, 대파
	11월	은행, 밤, 콩, 당근, 대파, 무, 배추, 연근, 우엉, 호박, 버섯류
겨울	12월	무, 배추, 검은콩, 배, 마, 시금치, 시래기, 연근
	1월	매생이, 다시마, 녹두, 무, 시금치, 연근, 우엉
	2월	톳, 무청, 물미역, 늙은호박, 콩나물, 산삼, 미나리, 시금치, 연근, 우엉

자연의 장보기

상황이 허락된다면 봄에는 산과 들에 숨어 있는 나물을 직접 캐며 자연의 장보기에 도전해보는 것도 좋습니다. 자연에서 갓 채취한 신선한 봄나물을 먹는 기쁨을 배로 즐길 수 있겠죠.

봄나물을 채취할 때는 주의해야 할 것이 있습니다. 꼭 필요한 만큼만 그리고 조심스럽게 채취하세요. 한곳에서 바닥이 보일 정도로 나물을 캐거나 뿌리째 캐지 마세요. 그래야 다음 해에도 그 자리에 싹을 틔울 수 있고, 여러 사람이 나물을 즐길 수 있답니다. 또 도심 도로변, 공단 주변, 하천변 등에서 나는 나물은 중금속 수치가 높아 먹을 수 없으니 주의하세요. 만약 나물에 대해서 잘 모르는데 나물을 잘 아는 사람의 도움도 받을 수 없다면 무리해서 시도하지는 마세요. 시장과 마트에서 얼마든지 좋은 봄나물을 고를 수 있으니까요.

봄나물을 채취하기 좋은 시기는 나물마다 조금씩 다릅니다. 특히 요즘은 지구온난화로 기존에 알고 있던 절기보다 일찍 봄나물이 올라오니 참고하세요.

또 쑥이나 땅에서 움터나오는 나물은 단오까지만 채취하세요. 단오가 지나면 씨앗을 품기 때문에 질기고 맛이 떨어집니다.

쑥 | 줄기가 가늘고 부드러워 보이는 것이 좋습니다. 잎의 뒷면이 은회색 빛이 나는 것을 고르세요. 채취 시기는 3월입니다.

냉이 | 향이 진하고 짙은 녹색을 띠는 것을 고르세요. 뿌리는 너무 굵지 않은 것이 맛이 좋습니다. 채취 시기는 3~4월입니다.

원추리 | 선명한 연두색을 띠고, 잎이 오므라진 것을 고르세요. 잎이 많이 벌어진 것은 채취 시기가 지난 것입니다. 채취 시기는 3~5월입니다.

취나물 | 향이 진하고, 잎과 줄기에 솜털이 잘 올라온 것을 고르세요. 3~5월에 채취하면 됩니다.

두릅 | 줄기가 너무 굵지 않고 싹이 짧게 자란 어린순이 좋습니다. 가시가 너무 억세 보이는 것보다 연해 보이는 것이 맛이 더 좋습니다. 채취 시기는 4~5월입니다.

세발나물 | 전라남도 신안과 진도 등에서 자생합니다. 잎이 둥글고 가늘며 여러 마디로 뻗어 있는 것이 맛이 좋습니다. 2~3월에 채취하면 됩니다.

방풍나물 | 우리나라 남서부 해안가의 산지와 바위틈에서 자랍니다. 잎은 짙은 녹색을 띠며 줄기는 연두색이 살짝 감도는 것이 맛이 더 깊습니다. 채취 시기는 2~4월입니다.

참나물 | 짙은 녹색을 띠는 것이 상품입니다. 벌레 먹거나 시든 잎은 없는지 확인하세요. 4~5월에 채취하면 됩니다.

절집 밥상,
맛을 보다

절집 밥상에는 각종 양념과 향신료가 들어가지 않습니다.
그래서 맛내기 비법도 간단합니다. 간장, 된장, 고추장, 소금
등 우리 전통 장류와 제철 재료 몇 가지만 있다면 누구나 자연
그대로의 깊은 맛을 내는 절집 밥상을 차릴 수 있습니다.

된장

간장

고추장

굵은소금

볶은 소금

기본 장

각 재료가 갖고 있는 본연의 맛과
식감을 최대한 살린 건강한 절집
밥상을 차려내기 위해서는 장이
중요합니다. 된장, 고추장, 간장,
소금은 주로 짠맛을 낸다고 알려져
있지만, 제대로 담가 잘 익힌 절집
부엌의 장에서는 단맛도 함께 납니다.

굵은소금 | 서해안 천일염을 3년 이상 간수를 빼면
단맛이 납니다. 금수암에서는 전북 고창 선운사 주변과
전남 신안에서 구입한 소금을 사용합니다.

볶은 소금 | 집에서 번철(무쇠로 만든 조리용 기구)이나
팬을 뜨겁게 달군 후에 굵은소금을 노릇노릇해질
때까지 오랫동안 볶은 후 믹서기로 갈아서 쓰는 것도
좋습니다. 하지만 불순물이 완전히 제거되지 않아
냄새가 좋지 않은 경우가 종종 있으니 주의해야
합니다. 1,200℃의 고온에서 구운 생활 죽염을
판매하니 구입해서 사용하는 것도 좋습니다.

된장 · 간장 | 잘 만든 메주만 있다면 간장과 된장을
어렵지 않게 담글 수 있습니다. 보통 금수암에서
직접 메주를 만들지만 양이 모자라면 음력 1월경에
복식품(금강경독송회)에서 만든 손바닥 크기의 메주를
사서 장을 담그기도 합니다.

메주 20개(손바닥 크기), 소금물(물 1ℓ+소금 300g),
숯 1~2개, 말린 고추 2~3개

1 메주를 찬물에 씻어서 먼지를 제거한 후
   장독(저장용기)의 ⅔ 정도까지 차곡차곡 넣는다.
2 메주와 같은 양의 소금물을 부은 후 숯과 말린
   고추를 두어 개 띄우고 뚜껑을 닫는다.
3 햇볕이 좋고 바람이 잘 통하는 곳에 숙성시켰다가

50~60일 정도 지나면 간장을 따라서 사용한다.
된장은 간장과 분리한 후 1년 정도 발효시켜서
먹는다.

고추장 | 절집에서는 보통 동짓달(음력 11월)에
고추장을 담급니다. 잘 익은 고추와 엿기름,
찹쌀가루만 있으면 어렵지 않게 고추장을 만들 수
있습니다.

찹쌀가루 100g, 엿기름물 200g, 조청 200g, 소금 50g,
집간장 ½ 컵, 메주가루 100g, 고춧가루 200g

1 찹쌀가루는 익반죽해서 도넛 모양으로 만들어
   끓는 물에 삶아서 건진다. 삶은 물을 넣고 방망이로
   치대더 으깬다.
2 엿기름물은 체에 걸러 약한 불에 올린다.
   끓어오르면 조청과 소금을 넣어 한소끔 끓인
   후 식힌다. 메주가루를 넣어 잘 섞은 후 다시
   고춧가루를 넣어 잘 섞는다.
3 2일 정도 지나면 장독(저장용기)에 담아 햇볕이
   잘 드는 곳에 두고 윗면을 말린다. 윗면이 완전히
   마르면 고추장의 붉은색이 보이지 않을 정도로
   소금을 뿌린 후 랩이나 비닐을 덮고 2개월~1년
   정도 발효시켜서 먹는다.

★ 장독을 둘 공간이 마땅치않다면 김치냉장고에
넣어서 발효시키세요.

맛가루

인공 조미료 대신 직접 만든 천연 맛가루를
넣어 음식의 맛을 살려보세요. 밀봉 가능한
비닐 팩에 담아서 냉동실에 보관하면 1년 정도
사용할 수 있습니다.

표고가루

콩가루

들깨가루

산초가루

표고가루
1 표고버섯을 흐르는 물에 한 번 씻은 후 햇볕이 들고 먼지가 없는 곳에서
일주일 정도 말린다.
2 바싹 말린 표고버섯을 마른 수건으로 먼지만 닦아내고 기둥을 떼어낸다.
3 기둥을 떼어내고 남은 갓을 믹서에 넣고 갈아 가루로 만든다.
★ 무침 요리나 나물에 사용하면 감칠맛을 더합니다. 채수를 만들기 어려울
때 표고가루로 국물을 내도 좋습니다.

콩가루
1 대두를 흐르는 물에 한 번 씻어 먼지만 제거한 후 물기를 말린다.
2 물기가 마른 대두를 믹서에 넣고 갈아 가루로 만든다.
★ 두릅이나 배추 같은 채소에 콩가루를 묻혀서 국이나 전골에 넣으면 구수
한 맛이 더해지는 것은 물론 단백질까지 보충할 수 있습니다.

들깨가루
1 들깨를 깨끗이 씻어 채반에 밭쳐 물기를 뺀다. 팬을 약한 불에 올리고 들
깨를 넣어 30분 정도 주걱으로 뒤적이며 볶아서 완전히 말린 후 식힌다.
2 믹서에 들깨를 넣고 갈아 가루로 만든다. 두세 번 반복해서 갈아야 고운
들깨가루가 된다.
★ 들깨탕이나 무침, 걸쭉한 국물을 낼 때 주로 사용합니다. 또 전병 반죽에
넣으면 맛도 좋고 보기에도 좋습니다.

산초가루
1 산초가 완전히 익어 벌어지기 직전에 채취해서 그늘에 3~4일 정도 말린
다. 말라서 껍질이 벌어지면 살살 문질러 열매와 껍질을 분리한다.
2 껍질만 모아서 믹서에 간다. 입맛에 따라 손으로 만졌을 때 뭉쳐질 만큼
곱게 혹은 조금 거칠게 갈아 사용한다.
★ 살균 작용이 강한 산초는 사찰 음식에서 파, 마늘 대신 쓰입니다. 맛과 향
이 강하고 자극적인 편이라 소량만 넣어야 합니다.

은행소스

단호박소스

견과류소스

브로콜리소스

마소스

고구마소스

만능소스

어떤 샐러드와도 어울리는 말 그대로 만능 소스입니다. 여기에 계절에 따라 다양한 재료를 넣어 변형할 수 있답니다. 만드는 방법도 간단합니다. 재료를 넣고 한꺼번에 믹서로 갈아주면 완성입니다.

은행소스 | 은행 50g, 두부 50g, 배 50g, 식초 1큰술, 소금 $\frac{1}{2}$작은술, 올리브유 1큰술, 조청 1큰술

단호박소스 | 단호박 100g, 두유 3큰술, 소금 $\frac{1}{2}$작은술, 올리브유 1큰술, 매실청 1큰술

브로콜리소스 | 브로콜리 100g, 배 50g, 두유 2큰술, 식초 1큰술, 소금 $\frac{1}{2}$작은술, 올리브유 1큰술, 조청 1큰술

견과류소스 | 호두 30g, 잣 20g, 두부 50g, 배 50g, 발효겨자 $\frac{1}{2}$작은술, 식초 1큰술, 소금 $\frac{1}{2}$작은술, 올리브유 1큰술

마소스 | 마 100g, 두유 2큰술, 식초 1큰술, 소금 $\frac{1}{2}$작은술, 올리브유 1큰술, 조청 3큰술

고구마소스 | 찐고구마 100g, 두유 $\frac{1}{2}$컵, 식초 1큰술, 소금 $\frac{1}{2}$작은술, 올리브유 1큰술, 조청 2큰술

오미자식초

오미자 100g, 현미식초 1ℓ

★ 몸에 기운이 없을 때 오미자식초를 넣은 음식을
　꾸준히 먹으면 원기회복에 도움이 됩니다.

서리태식초

서리태 100g, 현미식초 1ℓ

★ 목소리에 윤기를 더하고 싶다면 서리태식초를
　음식에 넣어서 드셔보세요.

솔잎식초

솔잎 100g, 현미식초 1ℓ

★ 혈압이 높은 사람에게는 솔잎식초가 좋습니다.

더덕식초

더덕 100g, 현미식초 1ℓ

★ 목이 아프고 가래가 생겼을 때 음식에 넣어서
　먹으면 증상을 완화시켜줍니다.

울금식초

울금(강황) 100g, 현미식초 1ℓ

★ 유난히 몸이 차서 고민이라면 울금식초를
　활용해보세요.

오행식초

식초는 체내 독소를 제거하고
혈액순환을 좋게 하며, 식중독을
예방하는 효능까지 가지고 있어요. 특히
음식에 넣으면 상큼한 맛과 풍미를
더할 뿐만 아니라 살균 효과까지 볼 수
있답니다. 절집 밥상에서는 오행식초라
하여 현미식초에 다섯 가지 재료를 각각
넣어 6개월 이상 숙성시킨 천연 식초를
사용하고 있습니다. 열탕 소독 후 깨끗이
씻어서 물기를 제거한 저장용기에 각
재료와 현미식초를 넣고 6개월 이상
숙성시키면 오행식초가 완성됩니다.

채수

절집 밥상, 그중에서도 국, 찌개, 탕 등
국물이 필요한 요리에 빠지지 않고
들어가는 것이 바로 채수입니다. 말린
표고버섯과 다시마를 넣고 넉넉하게
만들어 냉장 보관하면 1주일 정도 사용할
수 있습니다.
다만 쓰임새에 따라 채수에 들어가는
재료의 양이 달라질 수 있으니 자세한
사항은 각 요리의 만드는 법을
참조하세요.

재료

☐ 말린 표고버섯 8~9개
☐ 다시마 50g
☐ 물 5컵

1 말린 표고버섯은 흐르는 물에 한 번 헹구고, 다시마는 마른 수건으로 겉에
   묻어 있는 먼지만 털어낸다.

2 냄비에 물을 붓고 말린 표고버섯과 다시마를 넣어 센 불에서 7분간 끓인다.

   ★ 물의 양에 따라 표고버섯과 다시마의 양이 달라지며 끓이는 시간도 차이가 납니다.

3 표고버섯과 다시마는 건져낸다.

   ★ 채수를 만드는 데 사용된 표고버섯과 다시마는 꼭 건져내야 합니다. 채수를 만들고
   나서 표고버섯과 다시마를 그대로 넣어두면 표고버섯과 다시마가 다시 감칠맛을
   가져가버립니다. 채수를 만들고 난 표고버섯과 다시마는 물기를 짜고 잘게 썬 후
   밑간을 해서 요리에 넣어도 좋고 밑반찬으로 먹어도 좋습니다.

봄

연둣빛 생명력이
그 선명함을 더하는 계절.
절집 밥상은
더욱 풍성해집니다.

3월의 절집 밥상

쑥밥
냉이콩나물국
광대나물무침
유미쑥죽
원추리나물무침
세발나물무침
냉이강정
미나리들깨찜
취나물빙떡
냉이잡곡꼬치
쑥버무리뿌리떡

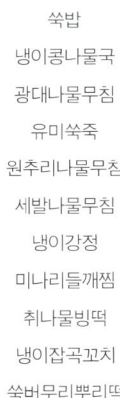

쑥밥

현미에 쑥과 채수만 넣었을 뿐인데 그 향기와 풍미가
매우 깊어집니다. 입안을 감도는 진한 쑥 향이 입맛을
살리고 기운을 돋웁니다.

재료

- 쑥 200g
- 발아현미 2컵
- 말린 표고버섯 4~5개
- 다시마 20g

양념장

- 채수 1큰술
- 집간장 1큰술
- 다진 청 · 홍고추 1큰술씩
- 참깨 약간

만드는 법

1 발아현미는 씻어 물에 담가 2시간 이상 불려놓는다.

2 쑥은 다듬어 물로 씻은 후 물기를 뺀다.

3 물 5컵과 말린 표고버섯, 다시마를 넣고 7분간 끓여
  채수를 만든다.

4 솥에 ❶을 넣고 채수로 밥물을 맞춘 뒤 센 불에
  올려 밥을 짓는다.

5 물기를 뺀 쑥을 잘게 다진다.

6 밥물이 끓어오르면 중간 불로 줄여서 10분, 약한
  불로 줄이고 다진 쑥을 넣어 10분 정도 뜸을 들인다.

7 양념장 재료를 한데 섞어서 만든 양념장을 곁들여
  낸다.

냉이콩나물국

쌉쌀하면서도 향긋한 냉이와 아삭한 콩나물을 함께 맛볼 수 있는, 봄을 대표하는 국입니다. 냉이콩나물국 한 그릇이면 하루에 필요한 비타민 A를 다 섭취할 수 있어 봄철 영양식으로 그만입니다.

재료

☐ 냉이 150g
☐ 콩나물 100g
☐ 말린 표고버섯 4~5개
☐ 다시마 20g
☐ 된장 1큰술
☐ 쌀가루 1작은술

만드는 법

1 물 5컵과 말린 표고버섯, 다시마를 넣고 7분간 끓여 채수를 만든다.

2 냉이는 한 손으로 잎을 모아서 올려 잡고 잔뿌리를 뜯어내어 물로 씻은 후 작은 것은 그대로 두고 큰 것은 반으로 가른다.

3 콩나물은 다듬어 물로 씻은 후 물기를 뺀다.

4 채수에 ❷와 ❸을 넣고 끓인다.

5 ❹에 된장을 체에 걸러 풀어 넣고 쌀가루를 넣어 한소끔 더 끓인다.

매서운 겨울바람을 이겨내고 가장 먼저 봄을 알리는 봄나물이
바로 광대나물입니다. 이른 봄에 채취한 광대나물을 양념에 무쳐낸
소박하지만 질긴 생명력을 고스란히 품고 있는 나물무침입니다.

광대나물
무침

재료

☐ 광대나물 200g
☐ 소금 약간

양념

☐ 된장 1작은술
☐ 고추장 1작은술
☐ 참기름 1작은술
☐ 깨소금 약간

만드는 법

1 광대나물은 다듬어 물로 씻은 후 소금을 넣은 끓는 물에 30~40초 데친다.

2 데친 광대나물을 찬물에 헹궈 물기를 꼭 짠다.

3 ❷에 양념 재료를 한데 넣고 버무린다.

★ 된장, 고추장, 참기름의 양이 동일합니다. 나물의 양이 늘어나면 양념장도 이 비율대로
추가하면 됩니다.

절집 밥상
더하기

광대나물무침을 만들 때는 광대나물 끝에 달린
연한 순을 손질해서 넣으세요. 보라색을 띠는
억센 줄기는 버리지 말고 깨끗이 씻어서 설탕에
절여 효소로 사용하면 좋습니다. 안토시안
성분이 있어 혈액을 깨끗하게 하는 효과가
있답니다.

유미쑥죽

부처님의 죽이라 불리는
유미죽에 쑥을 넣었습니다.
봄맛을 가득 품은 고소한
죽입니다.

재료

- □ 우유 400㎖
- □ 다진 쑥 40g
- □ 발아현미 ½컵
- □ 연근 100g
- □ 땅콩가루 1작은술
- □ 참깨 ½작은술

만드는 법

1 발아현미는 미리 물에 담가 2시간 이상 불린 후 물기를 빼서 절구로 빻는다.

2 연근은 강판에 간다.

3 냄비에 땅콩가루와 참깨를 넣고 살짝 덖다가 ❶과 ❷, 우유를 넣고 센 불에서 끓인다.

4 끓어오르면 다진 쑥을 넣는다.

5 약한 불로 줄이고 뜸을 들인다.

★ 싱거우면 소금을 약간 뿌려도 됩니다. 하지만 우유의 고소함을 제대로 즐기려면 소금 간을 하지 않는 편이 더 좋습니다.

원추리나물 무침

각종 비타민과 포도당, 무기질이
풍부하게 들어 있는 원추리나물은
피로 회복에 탁월한 효능이
있습니다. 원추리나물 어린순에서
나는 특유의 단맛이 감칠맛까지
더합니다.

재료

□ 원추리나물 200g
□ 소금 약간

양념

□ 집간장 1큰술
□ 참기름 1큰술
□ 참깨 1작은술

만드는 법

1 원추리나물은 한 뼘가량 자란 연두색을 띠는 어린순만 골라서 다듬는다.

2 물로 씻은 후 소금을 넣은 끓는 물에 1분 정도 데친다.

★ 원추리나물은 아주 적은 양이긴 하지만 식중독을 일으키는 성분을 함유하고 있으니
반드시 끓는 물에 데쳐서 먹어야 합니다.

3 찬물에 헹궈서 물기를 꼭 짠다.

4 ❷에 양념 재료를 한데 넣고 버무린다.

비타민과 엽록소는 물론 식이섬유까지 풍부한
세발나물을 살짝 데쳐 맛깔나는 양념에 무쳤습니다.
오돌오돌 씹히는 식감마저 좋은 반찬입니다.

세발나물
무침

재료

☐ 세발나물 200g
☐ 소금 약간
☐ 참깨 약간

양념

☐ 고추장 1큰술
☐ 조청 1큰술
☐ 식초 1큰술

만드는 법

1 세발나물은 물로 씻어서 소금을 넣은 끓는 물에 30~40초 데친 후 찬물에 헹구어
   물기를 꼭 짠다.

2 고추장과 조청을 냄비에 넣고 보글보글 끓어오를 때까지 중약 불에서 졸인 후
   불을 끄고 식힌다. 식초를 넣는다.

3 물기를 짠 세발나물에 ❷와 참깨를 넣고 버무린다.

   ★ 세발나물은 갯벌의 염분을 먹고 자라 약간 짠맛이 나기 때문에 따로 소금 간을 할 필요가
   없습니다.

절집 밥상
더하기

위에 소개한 양념은 세발나물무침뿐만 아니라
어느 무침에 넣어도 그만인 만능 양념입니다.
고추장과 조청을 중약 불에 올려서 보글보글
끓어오를 때까지 저어가면서 졸인 후 식혀서
식초를 넣기만 하면 됩니다.

튀긴 음식이 귀했던 그 옛날 별식으로 먹던
땅콩강정에서 따온 고추장 맛 강정입니다. 냉이의
향과 매콤한 맛이 어우러진 음식입니다.

냉이강정

재료

☐ 냉이 200g
☐ 청 · 홍피망 ½개씩
☐ 전분 약간
☐ 다진 견과류 1큰술
　　(호박씨, 해바라기씨)
☐ 튀김용 식용유 적당량

양념장

☐ 고추장 1큰술
☐ 간장 1작은술
☐ 조청 1큰술
☐ 매실청 1큰술

튀김옷

☐ 밀가루 1컵
☐ 전분 1큰술
☐ 물 ¾컵
☐ 소금 약간

만드는 법

1　냉이는 다듬어 물로 깨끗이 씻은 후 물기를 빼고 한입 크기로 썰어둔다.

　　★ 냉이에 물기가 있으면 튀길 때 기름이 튈 수 있으니 튀김옷을 묻히기 전에 물기를 완전히
　　제거하세요.

2　밀가루와 전분을 섞어 체에 한 번 내린 후 물과 소금을 넣어 튀김옷을 만든다.

3　청 · 홍피망은 적당한 크기로 다진다.

4　냉이에 전분을 묻힌 후 튀김옷을 입혀 두 번 튀겨낸다.

5　양념장 재료를 한데 섞어 달군 냄비에 넣고 중약 불에서 끓인다. 보글보글
　　끓어오르면 불을 끄고 튀긴 냉이와 다진 청 · 홍피망을 넣고 버무린다.

6　접시에 완성된 냉이강정을 담고 다진 견과류를 뿌린다.

절집 밥상
더하기

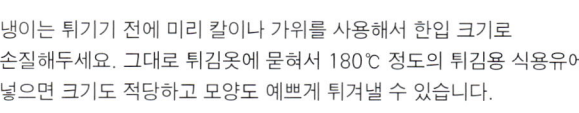

냉이는 튀기기 전에 미리 칼이나 가위를 사용해서 한입 크기로
손질해두세요. 그대로 튀김옷에 묻혀서 180℃ 정도의 튀김용 식용유에
넣으면 크기도 적당하고 모양도 예쁘게 튀겨낼 수 있습니다.

정화 식품의 대명사라 불리는 미나리는 이때가 가장
맛이 깊습니다. 비타민과 무기질이 풍부한 미나리와
들깨가 만나 윤기나는 피부를 만들어 줍니다.

미나리
들깨찜

재료

- □ 미나리 100g
- □ 숙주 100g
- □ 팽이버섯 ½봉
- □ 당근 50g
- □ 말린 표고버섯 5개
- □ 다시마 20g
- □ 무 50g
- □ 들깨가루 2큰술
- □ 전분 1큰술
- □ 멥쌀가루 1큰술
- □ 집간장 1큰술
- □ 들기름 약간
- □ 검은깨 약간

만드는 법

1 물 5컵과 말린 표고버섯, 다시마, 무를 넣고 7분간 끓여 채수를 만든다.

   ★ 무를 넣으면 국물 맛이 더 시원해집니다.

2 꼬리를 다듬은 숙주는 물에 씻은 후 물기를 뺀다.

3 팽이버섯은 밑동을 잘라 물에 씻은 후 물기를 뺀다.

4 미나리는 손질해서 물에 씻은 후 5~6cm 길이로 썰어 놓는다.

5 당근은 다듬어 물에 씻은 후 5~6cm 길이로 채 썬다.

6 들깨가루, 전분, 멥쌀가루는 채수 ½컵에 넣어 불린다.

7 팬에 채수 1컵과 집간장, 들기름을 넣고 끓인다. 한소끔 끓어오르면 숙주와
   팽이버섯, 당근을 넣고 볶다가 ❻을 넣는다.

   ★ 채소를 넣고 볶을 때 국물이 적다 싶으면 채수 ½컵 정도를 더 넣습니다.

8 마지막으로 미나리를 넣고 젓가락으로 휘휘 저어 엉기게 한다.

9 그릇에 완성된 미나리들깨찜을 담고 검은깨를 뿌린다.

메밀가루가 귀하던 시절에는 쉽게 맛볼 수 없던 음식이지요?
산나물의 왕이라는 별명이 붙은 취나물을 듬뿍 넣고 메밀전병으로
돌돌 말아 감칠맛 나는 빙떡을 만들었습니다.

취나물빙떡

재료

- □ 취나물 200g
- □ 소금 약간
- □ 집간장 1큰술
- □ 참기름 1큰술
- □ 부침유 2큰술(식용유 1큰술
  + 들기름 1큰술)

전병 반죽

- □ 메밀가루 ¼컵
- □ 밀가루 ⅓컵
- □ 전분 1큰술
- □ 물 1컵
- □ 집간장 1큰술
- □ 소금 약간

양념장

- □ 고추장 1큰술
- □ 식초 1큰술
- □ 조청 1큰술
- □ 통깨 약간

만드는 법

1 소금을 넣고 끓인 물에 손질한 취나물을 1분 정도 데친 후 물기를 빼 집간장과
  참기름에 무친다.

2 메밀가루, 밀가루, 전분을 섞어 체에 내린 후 물과 집간장, 소금을 넣고 반죽한다.

3 팬에 부침유를 두르고 반죽을 동그랗게 익혀 여러 개의 메밀전병을 만든다.

   ★ 반죽을 부칠 때 부침유를 약간만 두르세요. 팬에 부침유를 두른 다음 키친타월로 한 번
   닦아내거나 부침유를 솔에 묻혀서 팬에 바르면 됩니다.

4 메밀전병에 취나물무침을 올려서 돌돌 만다.

5 양념장 재료를 한데 섞어 양념장을 준비한다.

6 완성된 취나물빙떡에 양념장을 곁들여 낸다.

절집 밥상 더하기

계량스푼 1큰술(15㎖)이면 딱 알맞은 크기의 전병을 부칠 수 있습니다.
게다가 계량스푼의 목을 살짝 구부려서 계량스푼의 등으로 반죽을
살짝 누르며 원을 그리듯이 돌려주면 모양까지 예쁘게 할 수 있답니다.
이때 한 방향으로 돌려야 표면이 매끄러워집니다. 전병을 뒤집을 때는
뒤집개보다는 젓가락을 사용하는 것이 더 편리합니다.

잡곡을 싫어하는 아이들에게 냉이잡곡밥을 꼬치로
만들어 줘보세요. 아이스크림처럼 하나씩 들고 먹을 수
있어 아이들에게 인기 만점인 절집 밥상입니다.

냉이잡곡꼬치

재료

□ 발아현미 ½컵
□ 수수 1큰술
□ 조 1큰술
□ 보리 1큰술
□ 율무 1큰술
□ 냉이 50g
□ 말린 표고버섯 2개
□ 집간장 약간
□ 참기름 약간
□ 당근 30g
□ 소금 약간

양념장

□ 집간장 1큰술
□ 채수 2큰술
□ 송표간장 1큰술
□ 조청 2큰술

만드는 법

1 발아현미, 수수, 조, 보리, 율무는 물에 씻어 2~3시간 정도 불려놓는다.

2 말린 표고버섯은 물에 불린 후 물기를 빼고 잘게 다져 집간장과 참기름으로 밑간하여 덖는다.

3 냉이는 잔뿌리를 제거하고 깨끗이 손질해서 물에 씻은 후 잘게 다진다. 당근도 잘게 다진다.

4 솥에 불린 잡곡을 넣고 밥물을 맞춰 센 불에서 밥을 짓는다.

5 한소끔 끓어오르면 중간 불로 줄이고 표고버섯을 넣어 10분 정도 더 끓인다.

6 약한 불로 줄이고 다져 놓은 냉이와 당근을 넣고 20분 정도 뜸을 들인다.

7 달군 냄비에 양념장 재료를 넣고 중약 불에서 졸인다.

★ 채수 만들기는 29쪽을 참조하세요.

8 냉이잡곡밥이 완성되면 소금과 참기름을 넣고 버무린다.

9 모양틀에 냉이잡곡밥을 다져 넣었다가 꺼내어 꼬치에 끼운다.

10 완성된 냉이잡곡꼬치에 ❼의 양념장을 바른다.

절집 밥상
더하기

냉이는 뿌리를 함께 먹어야 제맛을 느낄 수 있습니다. 하지만 잔뿌리에 흙이 많이 묻어 있어서 꼼꼼하게 손질해줘야 하는데, 뿌리가 워낙 자잘해서 다듬기가 쉽지 않지요. 뿌리를 다듬을 때는, 한 손으로 잎을 모아서 올려 잡고 잔뿌리를 뜯어내세요. 깨끗하게 손질할 수 있습니다.

쑥 털털이에서 한 단계 진화한 음식입니다. 비트의 붉은색이 번지지
않는 것은 절집 밥상만의 비법이지요. 먹는 사람마다 궁금해하는
레시피랍니다.

쑥버무리
뿌리떡

재료

- 멥쌀가루 200g
- 치자가루 ⅓작은술
- 쑥 100g
- 단호박 40g
- 비트 40g
- 밤 5~6알

- 설탕 1큰술
- 소금 ⅓작은술
- 물 1큰술

만드는 법

1 쑥은 다듬어 물에 씻은 후 물기를 뺀다.

2 단호박, 비트, 밤은 적당한 크기로 깍둑 썬다. 비트는 붉은색이 나오지 않을 때까지 물에 담갔다가 헹군 후 물기를 뺀다.

3 멥쌀가루와 치자가루를 섞어서 체에 한 번 내린다.

4 ❸에 설탕과 소금, 물을 넣어 잘 섞은 후 쑥과 단호박, 비트, 밤을 넣고 버무린다.

5 불에 올린 찜솥에서 김이 오르기 시작하면 베보자기를 깔고 ❹를 넣는다.

6 센 불에서 25분 정도 쪄낸다.

절집 밥상
더하기

비트는 맑은 물에 30분 정도 담갔다가 주물럭거리면서 여러 번 헹궈야 합니다. 더 이상 붉은색이 나오지 않는지 확인한 후 버무리에 넣으세요. 그렇지 않으면 다른 재료들까지 물들입니다.

4월의 절집 밥상

산나물밥

쑥된장국

곰취쌈밥

미나리유부된장조림

두릅밀전병무침

엄나무순무침

삼색도라지전

미나리들깨즙탕

두릅전두부전골

방풍나물튀김

녹차연근만두

깊은 산골에서 장에 나갈 엄두도 내지 못하던 시절, 산나물밥은
귀한 쌀을 조금만 넣어도 주린 배를 채워주던 고마운
음식입니다. 초근목피草根木皮로 살아가던 수행자의 밥입니다.

산나물밥

재료

□ 쌀 400g
□ 제철 산나물 50g씩
　(취, 두릅, 오가피 등)
□ 말린 표고버섯 5개
□ 다시마 20g

양념장

□ 채수 1큰술
□ 집간장 1큰술
□ 참기름 1큰술
□ 청고추 1개
□ 홍고추 ½개

만드는 법

1　쌀은 씻어 물에 30분 이상 불린다.

2　물 5컵과 말린 표고버섯, 다시마를 넣고 7분간 끓여 채수를 만든다.

3　불린 쌀을 솥에 넣고 채수로 밥물을 맞춰 센 불에 올려 밥을 짓는다.

4　산나물은 다듬어 물로 씻은 후 물기를 뺀다.

5　밥이 끓기 시작하면 중간 불로 줄여서 10분 정도 익히고, 약한 불로 줄인 후 산나물을 넣고 10분 정도 뜸을 들인다.

6　양념장 재료를 한데 섞어 양념장을 준비한다. 이때 청·홍고추는 씨를 제거하고 다져 넣는다.

7　완성된 산나물밥을 양념장과 함께 낸다.

쑥된장국

쑥쑥 자란다고 해서 쑥이라 이름
붙은 쑥은 몸을 따뜻하게 해주는
고마운 식물입니다. 쑥이 가장
부드러워지는 이맘때 된장국으로
끓이면 들큼한 맛이 일품입니다.

재료

□ 쑥 200g
□ 말린 표고버섯 5개
□ 다시마 20g
□ 집간장 약간
□ 참기름 약간
□ 된장 3큰술

만드는 법

1 깨끗이 다듬은 쑥은 다듬어 물로 씻은 후 물기를 뺀다.

2 물 6컵과 말린 표고버섯, 다시마를 넣고 7분간 끓여 채수를 만든다.

3 채수에서 표고버섯을 건져 물기를 꼭 짠 후, 채 썰어 집간장과 참기름으로
   밑간하여 볶는다.

4 쑥과 표고버섯을 채수에 넣고 된장을 풀어 한소끔 끓여낸다.

곰취쌈밥

향이 깊고 진한 곰취를 쪄서 만든
쌈밥입니다. 곰취의 진한 향이 밥에
스며들어 입안 가득 전해집니다.
정갈한 모양새가 보기도 좋아
손님상에 내놓기에 손색이 없고,
도시락 메뉴로도 그만입니다.

재료

□ 곰취 20장
□ 발아현미 2컵
□ 소금 약간
□ 참기름 1큰술

쌈장

□ 된장 2큰술
□ 조청 1큰술
□ 참기름 약간

만드는 법

1 깨끗이 씻은 발아현미는 2시간 이상 물에 불렸다가 고슬고슬하게 밥을 짓는다.

   ★ 밥을 지을 때 불조절의 기본은 센 불에서 10분, 중간 불에서 10분, 약한 불에서 10분 정도
   익히는 것입니다.

2 끓는 물에 30~40초 곰취를 삶은 후 찬물에 헹구어 물기를 뺀다.

   ★ 곰취를 삶을 때는 꼭 뚜껑을 열어야 해요. 그래야 곰취의 색이 변하지 않습니다.

3 곰취 대는 잎에서 잘라 내어 잘게 다진다.

4 된장, 조청, 참기름을 섞어 쌈장을 만든다.

5 볼에 ❶과 ❸을 넣고 소금과 참기름으로 간을 한 후 적당한 크기로 뭉친다.

6 삶은 곰취 잎을 한 장씩 펴서 ❺를 올린 후 쌈장을 얹고 보자기로 여미듯이 싼다.

유부에 표고버섯과 미나리, 두부로 만든 소를
넣어 된장 양념으로 조린 반찬입니다. 쫄깃한
유부와 부드러운 두부, 향긋한 미나리가 어우러져
색다른 식감과 향으로 입맛을 돋웁니다.

미나리
유부
된장조림

재료

□ 사각 유부 8개
□ 미나리 150g
□ 두부 1모
□ 당근 40g
□ 말린 표고버섯 4개
□ 다시마 10g
□ 집간장 · 참기름 · 소금 적당량씩

양념장

□ 된장 2큰술
□ 조청 1큰술
□ 집간장 ½작은술
□ 고춧가루 ½작은술

만드는 법

1 물 2컵과 말린 표고버섯, 다시마를 넣고 5분간 끓여 채수를 만든다.

2 ❶에서 표고버섯을 건져 물기를 짜서 채 썬 다음, 집간장과 참기름으로 밑간해서 볶는다.

3 유부는 끓는 물에 두 번 데쳐서 기름기를 빼고 찬물에 헹구어 물기를 짠다.

4 두부는 끓는 물에 데쳐 물기를 짜면서 으깬 후, 집간장과 참기름으로 간한다.

5 미나리는 끓는 물에 1분 정도 데쳐서 물기를 짠 후 다진다(이때 유부를 묶을 긴 미나리는 여유 있게 남겨둔다). 집간장과 참기름으로 간한다.

6 당근은 곱게 다져서 참기름을 살짝 두른 팬에 소금으로 간해서 볶는다.

7 ❷, ❹, ❺, ❻을 한데 섞어 유부에 넣을 소를 만든다.

8 유부의 한 면을 잘라 속을 벌려 소를 넣고, 데친 미나리 줄기(❺에서 남긴)로 묶는다.

9 ❶에서 만든 채수 1컵에 양념장 재료를 넣어 끓인다. 끓기 시작하면 소를 넣은 유부주머니를 넣고 3~4분 정도 조린다.

'산채의 제왕'이라 불리는 두릅에는 단백질, 비타민, 칼슘 등
다양한 영양소가 함유되어 있습니다. 특히 봄 두릅은 에너지를
불어넣고 피로를 풀어주어 춘곤증을 이기는 데 도움이 됩니다.
밀전병과 함께 참기름에 무치면 향긋하고 고소한 맛과 향이
배가됩니다.

두릅밀전병
무침

재료

- ☐ 두릅 6~8대
- ☐ 소금 약간
- ☐ 부침유 2큰술
  (들기름 1큰술 +
  식용유 1큰술)
- ☐ 참기름 1작은술
- ☐ 깨 1작은술

반죽

- ☐ 밀가루 3큰술
- ☐ 들깨가루 1큰술
- ☐ 전분 ½큰술
- ☐ 물 ½컵
- ☐ 집간장 1큰술

만드는 법

1 손질한 두릅은 소금을 넣은 끓는 물에 1분 정도 데친 후, 찬물에 헹구어 물기를 꼭 짠다.

2 밀가루, 들깨가루, 전분을 한데 섞어 체에 내린 후 물과 집간장을 넣어 반죽을 만든다.

3 팬에 부침유를 두르고 반죽을 1큰술씩 떨어뜨려 동그랗고 얇게 전병을 만든다.

4 전병을 골패 모양(긴 직사각형)으로 썬다.

5 두릅과 전병에 참기름과 소금, 깨를 넣고 무쳐서 낸다.

절집 밥상
더하기

두릅의 밑동을 감싸고 있는 나무껍질 같은 대는 버리지 말고
자세히 살펴보세요. 연두색 새순이 조금이라도 남아 있다면
수중재배하듯이 물에 담가두세요. 몇 주 지나지 않아 제법 모양을
갖추고 자란 두릅을 볼 수 있습니다.

엄나무순무침

엄나무순은 두릅과 생김새가 비슷해 개두릅이라고도
불립니다. 두릅만큼이나 향도 진하고 영양도
뛰어나지요. 엄나무는 순뿐만 아니라 가지도 여러
요리에 활용되는데, 당뇨, 고혈압, 염증 치료에 탁월한
효과가 있습니다.

재료

☐ 엄나무순 200g

양념

☐ 고추장 1큰술
☐ 조청 1큰술
☐ 식초 1큰술
☐ 깨소금 약간

만드는 법

1 엄나무순은 받침순을 벗겨서 손질한 후 물로 씻고,
   끓는 물에 1분 정도 데쳐 물기를 뺀다.

2 양념 재료를 한데 섞는다.

3 데친 엄나무순에 양념을 넣고 버무린다.

삼색도라지전

도라지는 단백질, 칼슘은 물론, 특히 사포닌이 풍부하게 들어 있어 폐와 기관지에 좋습니다. 백련초가루, 치자가루, 녹차가루로 색을 낸 삼색도라지전은 영양과 멋을 모두 지닌 대표적인 사찰 음식입니다.

재료

☐ 도라지 8대
☐ 소금 약간
☐ 집간장 1큰술
☐ 참기름 1큰술

☐ 부침유 2큰술
　(들기름 1큰술 +
　식용유 1큰술)

반죽옷

☐ 밀가루 1컵
☐ 백련초가루 ⅓작은술
☐ 치자가루 ⅓작은술

☐ 녹차가루 ⅓작은술
☐ 물 ½컵
☐ 소금 약간

만드는 법

1 도라지는 칼로 껍질을 살살 긁어낸 후 소금으로 조물조물 씻어 쓴맛을 없앤다.

2 씻은 도라지를 방망이로 두드려서 납작하게 하고, 집간장과 참기름을 섞어 고루 바른다.

3 밀가루는 체에 내려 3등분하고, 각각 백련초가루, 치자가루, 녹차가루와 섞은 후 물과 소금을 넣어 세 가지 색 반죽옷을 만든다.

4 달군 팬에 부침유를 두르고 도라지에 삼색 반죽옷을 입혀서 부친다.

★ 전의 모양이 잘 나지 않으면 팬 위에 손질한 도라지 몇 개를 나란히 놓은 다음 사이사이에 반죽을 조금씩 펴 발라서 모양을 만드세요.

5 완성된 삼색도라지전을 적당한 크기로 썰어서 낸다.

바쁜 아침, 출근길에 간편하게 먹기 좋은 국물
요리입니다. 미나리들깨즙탕 한 그릇이면 점심 때까지
속이 든든합니다.

미나리
들깨즙탕

재료

- 미나리 80g
- 들깨 1컵
- 물 4컵
- 두부 1모
- 소금 약간

만드는 법

1 손질한 미나리는 깨끗이 씻어 3㎝ 길이로 썬다.

2 들깨는 물에 씻어 체에 밭쳐서 물기를 뺀다.

3 ❷를 물과 함께 믹서에 넣고 갈아 베보자기에 거른다.

   ★ 들깨를 즙을 내서 넣으면 더욱 고소하면서도 순한 맛을 즐길 수 있어요.

4 냄비에 ❸을 넣고 센 불에서 끓인다. 끓기 시작하면 두부와 소금을 넣고 한소끔 더 끓인다.

5 미나리를 넣고 1분 정도 더 끓인다.

   ★ 냄비에 넣은 미나리의 색이 파릇하게 올라오면 불을 끄세요.

절집 밥상
더하기

들깨를 믹서에 갈 때 물을 함께 넣으면
들깨즙을 내기가 한결 수월합니다. 베보자기에
넣고 꼭 짜서 받은 들깨즙은 고소함이
배가됩니다.

절집 밥상에서 손님 초대 요리로
많이 올리는 전골 요리입니다.
담백한 국물이 향긋한 채소의 맛을
한층 깊게 합니다.

두릅전
두부전골

재료

- □ 두릅 100g
- □ 두부 ½모
- □ 은행 10알
- □ 미나리 50g
- □ 청 · 홍고추 1개씩
- □ 말린 표고버섯 5개
- □ 다시마 20g
- □ 집간장 적당량
- □ 참기름 적당량
- □ 부침유 2큰술
  (참기름 1큰술 +
  식용유 1큰술)
- □ 소금 약간

밀가루풀

- □ 밀가루 3큰술
- □ 물 3큰술
- □ 집간장 1작은술

만드는 법

1 물 5컵과 말린 표고버섯, 다시마를 넣고 7분간 끓여 채수를 만든다. 표고버섯과 다시마는 건져내고 채수에 집간장 2큰술을 넣어 맛국물을 만든다.

2 밀가루는 물에 풀어서 집간장으로 간하고, 중간 불에서 30분 정도 저어가며 풀을 쑤어 식힌다.

3 두릅은 손질한 후 밀가루풀을 묻혀 부침유를 두른 팬에 지진다.

4 두부는 크게 잘라 소금을 뿌린 다음 팬에 노릇하게 부친다.

5 은행은 식용유를 살짝 두른 팬에 굴리면서 구운 후 키친타월 위에 놓고 비비듯이 껍질을 깐다.

6 미나리는 손질해서 5~6cm 길이로 썬다.

7 청 · 홍고추는 씨를 빼서 곱게 채 썬다.

8 ❶에서 건진 표고버섯은 채 썰어 집간장과 참기름을 넣고 버무린 후 달군 팬에 살짝 볶는다.

9 전골냄비에 준비한 모든 재료를 보기 좋게 담아 맛국물을 부어 끓여낸다.

방풍나물은 바닷가 모래사장에서 자랍니다. 바람을 막는다고
하여 방풍나물이라 불린다고도 하고, 풍을 예방한다고 하여
방풍나물이란 이름이 붙었다고도 합니다. 방풍나물처럼 껍질이
질긴 재료는 튀길수록 맛있습니다. 아삭한 튀김옷을 입혀서 튀겨낸
방풍나물튀김은 알싸하면서도 달달한 특유의 맛이 일품입니다.

방풍나물튀김

재료

□ 방풍나물 200g
□ 당근 30g
□ 튀김용 식용유 적당량

튀김옷

□ 밀가루 1컵
□ 집간장 1작은술
□ 치자물 1컵(말린 치자 1개를 으깨어
　물 1컵에 넣고 30분 정도 우린 물)

만드는 법

1 깨끗이 손질한 방풍나물은 물로 씻은 후 물기를 뺀다.

2 당근은 손질해서 곱게 다진다.

3 밀가루를 체에 내린 후 집간장과 치자물을 넣어 튀김옷을 만들고, 당근을 넣어
　잘 섞는다.

4 팬에 튀김용 식용유를 붓고 가열한다. 튀김용 식용유의 온도가 180℃ 정도가
　되면 방풍나물에 튀김옷을 입혀서 튀겨낸다.

★ 튀김용 식용유의 온도는 튀김옷을 떨어뜨려 확인할 수 있습니다. 튀김옷이 바닥에 완전히
　가라앉으면 150℃, 중간에 떠 있으면 180℃, 표면에 둥둥 떠 있으면 200℃ 정도입니다.

절집 밥상
더하기

방풍나물을 손질할 때는 칼이나 가위를
사용하기보다 손으로 하는 것이 모양
잡기에 좋습니다. 잎 사이에 물기가 남지
않도록 꼼꼼하게 닦아 튀길 때 기름이 튀지
않도록 주의합니다.

만두피에 녹차가루를 넣어 색과 향을 더하고, 잘게 간 연근을
소로 넣어 영양까지 꽉 채운 만두입니다. 속이 터져도 샐
염려가 없어 솜씨가 없는 사람도 쉽게 만들 수 있어요.

녹차연근만두

재료

- □ 연근 1개
- □ 참기름 약간
- □ 소금 약간
- □ 복분자식초 1큰술

반죽

- □ 밀가루 1컵
- □ 소금 약간
- □ 찹쌀가루 1큰술
- □ 올리브유 1큰술
- □ 전분 1큰술
- □ 물 $\frac{1}{3}$컵
- □ 녹차가루 $\frac{1}{2}$큰술

만드는 법

1 밀가루, 찹쌀가루, 전분, 녹차가루, 소금을 한데 섞어 체에 내린 후, 올리브유와 물을 넣어 만두피 반죽을 만든다. 상온에서 30~40분 정도 휴지시킨다.

★ 만두피 반죽은 휴지시켜야 만두피를 밀 때 잘 늘어나고, 식감이 더 쫄깃합니다.

2 껍질을 벗긴 연근은 강판에 갈아 베보자기에 넣고 물기를 꼭 짠 다음, 소금과 참기름으로 간한다.

3 휴지시킨 만두피 반죽을 밀대로 밀어 동그랗게 만든다. ❷를 만두소로 넣고 동그랗게 감싸 석류 같은 모양으로 만두를 빚는다.

4 김이 오른 찜솥에 빚은 만두를 20분간 찐다. 복분자식초와 곁들여 낸다.

★ 복분자식초 외에도 오행식초 같은 열매로 담근 천연식초를 곁들이면 좋아요.

절집 밥상 더하기

만두피는 밀대를 바깥에서 안쪽으로 돌리면서 밀어야 모양을 만들기 쉬워요. 만두를 빚을 때는 양쪽에서 주름을 만들어 손가락으로 콕콕 찍어주면 모양을 예쁘게 잡을 수 있어요.

5월의 절집 밥상

땅콩찰밥

미역국

방아잎조림

가죽순장떡

죽순잡채

곰취김치

뿌리샐러드

가죽순부각

산야초부각

상추계피시루떡

쫀득쫀득 윤기가 나는 찰밥은 속이 쓰리거나 배에 통증이 있을
때 이를 달래주는 효과가 있습니다. 또한 불면증 해소에도
도움이 되지요. 불포화지방산이 풍부한 땅콩을 넣어 영양은
물론 고소한 맛까지 더해졌습니다.

땅콩찰밥

재료

□ 찹쌀 2컵
□ 땅콩 1컵
□ 소금물 약간
  (물 ½컵 + 소금 약간)

만드는 법

1 찹쌀은 씻어서 2시간 정도 불려 놓는다.

2 땅콩은 뜨거운 물에 5~7분 정도 삶아서 껍질을 깐다.

3 찹쌀과 땅콩은 잘 섞어서 김이 오른 찜기에 넣어 40분 정도 찐다. 찌는 도중 소금물을 살살 뿌려서 간을 한다.

★ 밥을 지을 때 소금물로 간을 하는 이유는 소금을 그냥 넣으면 소금이 제대로 녹지 않아서 간이 골고루 배지 않을 뿐만 아니라 소금 알갱이가 씹힐 수 있기 때문입니다.

절집 밥상
더하기

땅콩은 물에 불리지 말고 바로 뜨거운 물에 삶은 다음, 삶은 물에 담근 상태에서 껍질을 벗겨야 잘 까집니다.

미역국

미역국은 남녀노소 누구나
좋아하여 밥상에 자주 오르는
메뉴입니다. 대개 소고기나
조개류 등을 넣는데, 채수에
미역만 넣고 끓여보세요. 미역
본연의 풍부한 맛을 음미할 수
있을 겁니다.

재료

□ 미역 40g
□ 말린 표고버섯 6~7개
□ 다시마 40g
□ 참기름 1큰술
□ 집간장 2큰술

만드는 법

1 미역은 찬물에 10분 정도 불려놓는다.
　★ 미역은 물에 너무 오래 불리면 맛이 다 빠져요.

2 물 6컵과 말린 표고버섯, 다시마를 7분간 끓여 채수를 만든다.

3 냄비에 채수 약간과 참기름을 두르고 불린 미역을 먼저 볶는다.

4 나머지 채수를 넣고 한소끔 끓인다.

5 집간장으로 간을 한다.

방아잎조림

방아잎은 소화를 촉진하고
콜레스테롤이 혈관에 쌓이는
것을 막아줍니다. 양념에 조려
밥반찬으로 먹으면 입맛을 돋우는
데도 그만입니다.

재료

- □ 방아잎 100g
- □ 말린 표고버섯 4개
- □ 다시마 10g
- □ 밤 1~2알
- □ 조청 1큰술
- □ 송표간장 1큰술
- □ 참기름 1작은술

만드는 법

1 방아잎을 다듬어 씻은 후, 물기를 털어내고 포갠다.
2 물 2컵과 말린 표고버섯, 다시마를 넣고 5분간 끓여 채수를 만든다.
3 채수 1컵에 조청, 송표간장, 참기름을 넣고 끓인다.
4 ❸이 끓으면 방아잎을 넣고 중간 불에서 조리기 시작한다. 보글보글 끓어오르면 중약 불로 줄여서 방아잎에 윤기가 날 때까지 조린다.
5 완성된 방아잎조림에 곱게 채 썬 밤을 올려서 낸다.

몸에 있는 독소를 빼는 데 효능이 뛰어난
가죽순으로 밥반찬을 만들었습니다. 가죽순
특유의 독특한 향과 짭조름한 장맛이 어우러져
밥맛을 돋웁니다.

가죽순
장떡

재료

☐ 가죽순 100g
☐ 호박 $\frac{1}{2}$개
☐ 청고추 1개
☐ 홍고추 $\frac{1}{2}$개

☐ 표고버섯 1~2개
☐ 부침유 2큰술
(들기름 1큰술 +
식용유 1큰술)

반죽

☐ 밀가루 1컵
☐ 고추장 1큰술
☐ 된장 1작은술
☐ 물 $\frac{1}{3}$컵

만드는 법

1 가죽순은 어린순만 떼어서 씻은 후 물기를 빼고, 1㎝ 길이로 썰어놓는다.

2 호박, 청고추, 홍고추, 표고버섯은 손질해서 다진다.

3 밀가루, 고추장, 된장, 물을 섞어 반죽을 만든 후 ❶과 ❷를 넣고 잘 섞는다.

4 달군 팬에 부침유를 두르고 ❸을 1큰술씩 올려 약한 불에서 부친다.

절집 밥상
더하기

장떡에 들어가는 가죽순은 손으로 잎을 떼었을 때 똑똑 끊어지는 어린순만
사용하세요. 남은 줄기는 말려서 국물을 낼 때 쓰면 좋아요.

죽순은 칼륨과 단백질, 비타민, 섬유질 등이
풍부하게 함유되어 있어 고혈압과 심장 질환 예방에
효능이 뛰어난 채소입니다. 표고버섯, 고추, 당면
등을 넣고 잡채를 만들어보세요. 다양한 재료가
주는 식감과 죽순의 아삭하면서도 담백한 맛이
어우러져 입안을 행복하게 합니다.

죽순잡채

재료

- ☐ 죽순 1대
- ☐ 청고추 2개
- ☐ 홍고추 1개
- ☐ 말린 표고버섯 2개
- ☐ 다시마 10g
- ☐ 당면 100g
- ☐ 쌀뜨물 3컵
- ☐ 된장 1큰술
- ☐ 소금 · 후추 ·
  집간장 · 참기름
  적당량씩
- ☐ 참깨 1작은술

양념장

- ☐ 채수 ⅓컵
- ☐ 집간장 1작은술
- ☐ 송표간장 2큰술
- ☐ 참기름 1큰술
- ☐ 설탕 1큰술

만드는 법

1 물 1컵에 말린 표고버섯과 다시마를 넣고 3분간 끓여 채수를 만든다.

2 죽순은 껍질을 벗겨 씻어놓는다. 쌀뜨물에 된장을 풀고 손질한 죽순을 넣어 센 불에서 20분 정도 삶은 후, 찬물에 헹구어 물기를 뺀다.

★ 죽순은 손질한 후 된장을 푼 쌀뜨물에 20분 정도 삶아야 특유의 아린 맛이 빠져요.

3 삶은 죽순은 결을 살려 적당한 크기로 채 썰어 소금과 후추로 간해서 덖는다.

4 청 · 홍고추는 씨를 빼서 채 썬 후, 죽순을 덖은 팬에 넣고 소금으로 간해서 남아 있는 잔열로 덖는다.

5 채수에서 건진 표고버섯은 기둥을 떼어내고 채 썰어 참기름과 집간장으로 밑간한 후 팬에 볶는다.

6 당면은 끓는 물에 삶아 면이 반투명해지면 건져서 찬물에 헹구고 채반에 담아 물기를 뺀다.

7 팬에 양념장을 넣고 끓이다가 삶은 당면을 넣고 물기가 졸아들어 팬에서 당면 튀는 소리가 날 때까지 볶는다.

8 ❼에 ❸, ❹, ❺를 넣고 버무린 후 참깨를 뿌려서 낸다.

절집 밥상
더하기

죽순 껍질을 통으로 벗기기가 어렵다는 분들이 많습니다.
우선 죽순은 세로로 반을 가르세요. 그런 다음 껍질을 벗겨서
속살만 발라내면 됩니다.

곰취김치

곰이 동면에서 깨어나 제일 먼저
먹는 음식이 바로 곰취입니다.
백두대간 눈밭에 얼굴을
내밀고 자라는 곰취로 김치를
만들었습니다. 특유의 향이
코끝에 맴돌고 알싸한 맛이 입안
가득 퍼져 절로 입맛을 돋웁니다.

재료

□ 곰취 100g

양념장

□ 청고추 2개 □ 된장 2큰술
□ 생강 20g □ 송표간장 2큰술
□ 밤 3알 □ 고춧가루 3큰술

찹쌀풀

□ 찹쌀가루 2½컵 □ 소금 ½큰술
□ 물 1컵

만드는 법

1 찹쌀가루는 물에 풀어서 소금으로 간하고, 중간 불에서 20분 정도 저어가며 묽게 풀을 쑨 뒤 식혀서 찹쌀풀을 만든다.

2 곰취는 깨끗이 씻어서 채반에 차곡차곡 올려 물기를 뺀다.

3 청고추는 곱게 다지고, 생강과 밤도 곱게 채 썬다.

4 된장은 절구에 으깨고 간장, 고춧가루, 찹쌀풀 ½컵, ❸과 섞어 양념장을 만든다.

5 물기를 뺀 곰취를 2~3장씩 놓고 켜켜이 양념장을 바른다.

뿌리샐러드

고구마, 비트, 콜라비, 당근 등
봄철 대표 뿌리채소로 만든
샐러드입니다. 더덕, 견과류로 만든
고소한 소스와 향긋한 셀러리까지
어우러져 맛과 영양을 고루
갖추었습니다.

재료

- ☐ 고구마 70g
- ☐ 콜라비 70g
- ☐ 당근 50g
- ☐ 셀러리 50g
- ☐ 비트 60g

소스

- ☐ 더덕잔뿌리 30g
- ☐ 배 ⅓개
- ☐ 호두 1개
- ☐ 땅콩 1큰술
- ☐ 올리브유 1큰술
- ☐ 잣 ½큰술
- ☐ 소금 1작은술
- ☐ 식초 1큰술
- ☐ 조청 1큰술

만드는 법

1 고구마와 콜라비, 당근은 5cm 길이로 굵게 채 썬다.

2 셀러리는 섬유질을 제거하고 5cm 길이로 굵게 채 썬다.

3 비트는 5cm 길이로 굵게 채 썬 후, 물에 담가 붉은 기를 빼고, 물기를 제거한다.

4 소스 재료를 믹서에 갈아서 준비한다.

  ★ 더덕잔뿌리가 없다면 더덕을 조금 잘라서 넣으세요.

5 볼에 샐러드 채소를 담고 소스를 곁들여 낸다.

겨울을 이겨낸 가죽순과 산야초에 찹쌀풀을 발라
말렸다가 튀겨낸 부각입니다. 바삭바삭하고 고소한 부각은
밥반찬으로 곁들이기도, 따로 간식으로 먹기에도 좋습니다.

가죽순부각

재료

□ 가죽순 200g
□ 튀김용 식용유 적당량

찹쌀풀

□ 찹쌀가루 1컵
□ 물 5컵
□ 소금 1큰술
□ 고추장 1큰술

만드는 법

1 가죽순은 대가 살아있게 그대로 손질해서 김이 오른 찜기에 넣고 살짝 쪄낸 다음 물기를 뺀다.

2 찹쌀가루는 물에 풀어서 소금으로 간하고, 중간 불에서 30분 정도 저어가며 묽게 풀을 쑨 뒤 식혀서 고추장을 섞는다.

3 가죽순에 찹쌀풀을 골고루 발라서 꾸덕꾸덕하게 말린다.

4 팬에 튀김용 식용유를 넣고 가열한 뒤, ❸을 넣어 튀겨낸다.

산야초부각

재료

□ 산야초 200g
　(들깨꽃송이, 생강나무잎,
　머위잎, 감잎 등)
□ 튀김용 식용유 적당량

찹쌀풀

□ 찹쌀가루 1컵
□ 물 5컵
□ 집간장 1큰술

만드는 법

1 산야초는 연한 순만 따서 손질한 후 씻어 물기를 뺀다.

2 찹쌀가루는 물에 풀어서 집간장으로 간하고, 중간 불에서 30분 정도 저어가며 풀을 쑤어 식힌다.

3 산야초에 찹쌀풀을 골고루 바른 후 널어서 말린다.

4 팬에 튀김용 식용유를 넣고 가열한 뒤, ❸을 넣고 한 번씩만 튀겨낸다.

　★ 부각은 습기가 들어가지 않도록 밀폐용기에 보관하는 것이 좋습니다. 그래야 바삭바삭한 맛이 오래갑니다.

알싸한 계피 향과 쌉쌀한 상추의
식감이 어우러진 떡입니다. 부처님
오신 날, 1년에 딱 한 번만 맛볼 수
있는 연등절식입니다.

상추
계피시루떡

재료

□ 쌀가루 5컵
□ 팥소(팥 + 설탕 + 소금) 3컵
□ 계피가루 1작은술
□ 상추 100g
□ 소금 1작은술

만드는 법

1 쌀가루를 체에 내린다.

2 팥소는 체에 내려서 계피가루와 섞는다.

3 상추는 씻어서 물기를 털고 잘게 찢어서 쌀가루와 버무린다.

4 시루에 시루밑을 깔고 ❷ 를 덮은 다음, 그 위에 ❸ 을 올리고 다시 ❷ 를 덮는다.

5 김이 오른 찜솥에 ❹ 를 올려 30분간 쪄낸다.

**팥소
만들기**

재료	만드는 법
□ 팥 200g □ 설탕 3큰술 □ 소금 1큰술	1 팥은 깨끗이 씻어 냄비에 팥이 잠길 정도로만 물을 붓고 센 불에 올린다. 팔팔 끓어오르면 팥물을 버린다. 물 4컵을 냄비에 부어 다시 센 불에 올린다. 팔팔 끓기 시작하면 불을 약하게 줄여 팥이 퍼질 때까지 익힌다. 2 팥이 다 퍼지면 체에 밭쳐 물기를 빼고, 설탕과 소금을 섞어 팥을 으깨면서 고슬고슬하게 팥소를 만든다.

봄茶

만물이 생명력을 더하는 봄. 하지만
여전히 심술을 부리는 꽃샘추위와 겨우내
소진된 체력이 피로를 느끼기 쉬운
계절이기도 합니다. 스산한 기운을 덜어낼
레몬계피생강차와 칡꽃차, 춘곤증으로 감기는
눈을 깨워줄 녹차를 준비했습니다.

레몬계피생강차

재료 | 레몬 20개, 계피 5대, 생강 500g, 황설탕 1.5kg

1 레몬은 굵은소금으로 문질러서 씻어낸 후 물기를 제거하고 얇게 썬다.

2 생강은 껍질을 벗기고 물기를 제거한 다음 채 썬다.

3 계피는 깨끗하게 씻어서 잘게 부순다.

4 저장용기는 열탕소독한 후 물기를 제거한다.

5 준비한 레몬, 생강, 계피, 설탕을 버무려서 저장용기에 넣는다.

6 30일 정도 숙성시킨 후 1큰술 정도 잔에 담아 따뜻한 물을 부어서 마신다.

★ 레몬과 생강을 각 10kg씩 대량으로 담글 때는 1년 정도 숙성해서 드세요.

녹차

재료 | 녹차잎 1kg

1 두 잎씩 올라오는 새 녹차잎을 따서 손으로 비벼 숨을 죽인다.

★ 곡우 때 따는 차를 첫물차라고 하는데 하동 이외의 지역은 사실 곡우차를 만들기 어렵습니다. 입하가
   되어야 찻잎이 겨우 여물기 때문입니다.

2 센 불에 달군 무쇠솥이나 바닥이 두꺼운 스테인리스 냄비 혹은 팬(음식을 한 번도 하지 않은
   새것)에 찻잎을 넣고 면장갑을 낀 두 손으로 10분 동안 빠르게 덖는다.

3 채반에 덖은 찻잎을 담고 부채로 부쳐 열기를 식힌다. 바람이 잘 통하는 그늘에서
   2~3시간 동안 식힌다. 똑같은 방법으로 두 번째는 5분, 세 번째는 3분간 덖는다.
   완전히 식힌 찻잎을 종이봉투에 담아둔다.

4 3일 뒤에 꺼내서 80℃로 달군 솥에서 30분 동안 마무리 덖기를 한다.

5 녹차를 우릴 때는 뜨거운 물을 식혀서 사용한다. 한 잔에 1작은술을 넣고 70℃ 정도의
   찻물을 부어서 1분간 우려서 마신다.

칡꽃차

재료 | 칡꽃 1kg

1 칡꽃은 흐르는 물에 살짝 씻은 후 바람이 잘 통하고 그늘진 곳에서 말린다.

2 말린 칡꽃을 김이 오른 찜통에 베보자기를 깔고 그 위에 올려서 15~20초 내외로 찐 후
   식힌다. 3회 반복한다.

3 한 잔에 1작은술을 넣고 90℃ 정도의 물을 부어서 5분가량 우려서 마신다.

여름

거센 비바람이 지나가자
뜨거운 햇볕이 대지를
달굽니다. 여름처럼 활기
넘치는 밥상을 차렸습니다.

6월의 절집 밥상

치자풋콩밥
감자두부탕
열무김치
가지새싹말이
애호박채전
머위들깨찜
유부보쌈
가지콩살찜
월과채
가지파스타
살구당

치자풋콩밥

본격적인 더위가 시작되는 6월이 되면, 푸릇푸릇
싱그럽고 고소한 풋콩이 우리를 반깁니다. 매실효소를
넣은 양념장을 곁들여 먹는 치자풋콩밥은 여름이면
생각나는 음식입니다.

재료

□ 쌀 2컵
□ 찹쌀 $\frac{1}{2}$컵
□ 말린 치자 3개
□ 물 2$\frac{1}{2}$컵
□ 풋콩 80g(완두콩, 밤콩, 강낭콩, 호랑이콩 등)

양념장

□ 청고추 1개
□ 집간장 2큰술
□ 매실효소 1큰술
□ 통깨 1작은술

만드는 법

1 쌀과 찹쌀은 각각 씻어서 2시간 이상 불리고, 풋콩도 씻어놓는다.

2 말린 치자는 손으로 으깨서 분량의 물에 넣고 30분 정도 우린다.

3 밥솥에 불린 쌀과 찹쌀, 풋콩을 넣고 치자 우린 물로 밥물을 맞춰서 센 불에 밥을 안친다. 물이 끓어오르면 중간 불로 줄여서 10분 정도 끓인 후 약한 불에서 10분 정도 더 끓인다. 불을 끈 후 10분간 뜸을 들인다.

4 청고추는 곱게 채 썰어 양념장 재료와 섞어 양념장을 만들어 곁들인다.

감자두부탕

감자는 다양한 요리는 물론 간식거리로 사시사철 즐겨 먹지만, 실은 대표적인 여름 채소랍니다. 담백한 감자와 고소한 두부를 넣고 끓인 감자두부탕은 깔끔하면서도 칼칼한 맛이 일품입니다.

재료

- □ 두부 ½모
- □ 감자 1개
- □ 청고추 1개
- □ 말린 표고버섯 5개
- □ 다시마 20g
- □ 들기름 1큰술
- □ 청경채 2개

양념장

- □ 고추장 1큰술
- □ 고춧가루 1작은술
- □ 된장 1작은술

만드는 법

1. 물 5컵과 말린 표고버섯, 다시마를 넣고 7분간 끓여 채수를 만든다.
2. 감자는 껍질을 까서 1cm 두께로 반달썰기 한다.
3. 두부도 감자와 같은 두께로 납작하게 썬다.
4. 청고추는 적당한 크기로 어슷썰기 한다.
5. 냄비에 채수 1큰술과 들기름을 넣고 감자를 살짝 볶다가 두부를 넣는다.
6. 나머지 채수를 넣고 끓어오르면 손질한 청경채, 청고추와 양념장을 넣고 한소끔 끓여낸다.

열무김치

'더울 열', '없을 무', 즉 열이 없다는 뜻을 가진 열무는 열량이 적고 섬유질이 풍부한 여름 채소입니다. 사포닌도 많이 함유되어 있어 몸에 열이 많은 사람은 인삼 대신 열무를 먹을 것을 권하지요. 특히 콩밭에서 자란 콩밭 열무는 단백질 함유량도 높고 맛도 더 좋답니다.

재료

□ 열무 1단
□ 굵은소금 ½컵
□ 사과 · 배 ½개씩
□ 당근 ⅓개

양념

□ 홍고추 5개
□ 식은 밥 1컵
□ 채수 1컵
□ 집간장 2큰술
□ 소금 1큰술
□ 고춧가루 ½컵

만드는 법

1 깨끗이 다듬은 열무에 굵은소금을 뿌려 20분 정도 절인 다음, 물로 헹구어 채반에 밭쳐서 물기를 뺀다.

   ★ 열무를 절일 때 너무 뒤적이면 풋내가 날 수 있으니 주의하세요.

2 사과와 배는 강판에 갈아 과즙만 거른다.

3 당근은 얇게 채 썬다.

4 채수와 집간장, 식은 밥, 홍고추를 믹서에 넣고 갈은 후 ❷, 고춧가루, 소금과 섞는다.

   ★ 여기서는 식은 밥이 밀가루풀 역할을 합니다.

   ★ 채수 만들기는 29쪽을 참조하세요.

5 절인 열무에 ❸, ❹를 넣고 버무린다.

가지
새싹말이

가지에 새싹채소를 말아 새콤달콤한
맛이 나는 소스에 곁들여 먹는
반찬입니다. 아삭아삭한 식감과 톡
쏘는 향이 여름철 잃어버린 입맛을
되찾아줍니다.

재료

□ 가지 2개   □ 소금 약간
□ 새싹채소 80g   □ 후추 약간
□ 들기름 약간

소스

□ 겨자가루 1큰술   □ 조청 1큰술
□ 배즙 3큰술   □ 소금 약간
□ 식초 2큰술

만드는 법

1 가지는 감자칼로 얇고 길게 베어낸다.

2 새싹채소는 씻어서 물기를 뺀다.

3 들기름을 두른 팬에 가지를 올리고 소금, 후추로 간해서 굽는다.

4 구운 가지를 한 김 식힌 후 새싹채소를 올려서 돌돌 말아낸다.

5 겨자가루를 미지근한 물에 개어 20분 정도 불린 후 나머지 소스 재료를
  섞어 가지새싹말이에 곁들인다.

대개 애호박은 둥글게 통으로 썰어 전을 부치지요? 하지만 얇게 채 썰어 전분을
묻혀 전을 만들면 바삭한 맛이 고르게 나서 식감이 더욱 좋습니다.

애호박채전

재료

- □ 애호박 2개
- □ 전분 4큰술
- □ 소금 약간
- □ 밀가루 1큰술
- □ 부침유 2큰술(들기름 1큰술 + 식용유 1큰술)

만드는 법

1. 애호박은 가늘게 채 썬다.

2. 채 썬 애호박에 전분을 뿌린 후 소금을 넣고 뒤적인다.

3. 달군 팬에 부침유를 두르고, ❷를 손으로 펴서 올린다. 그 위에 밀가루를 체에 내려 살살 뿌려서 중약 불에서 부친다. 한쪽 면이 익으면 뒤집어서 양면을 노릇노릇하게 지져낸다.

★ 들기름과 식용유를 섞어서 부침유로 쓰면 기름이 산화되는 것을 막을 수 있어요.

절집 밥상
더하기

애호박을 전분에 묻혔다면 물기가 생기기 전에 불 위에 올리세요.
전분을 묻혀 상온에 놔두면 애호박에서 물기가 나오는데, 그러면
전이 바삭하게 부쳐지지 않습니다.

섬유질이 많은 머위와 불포화지방산이 많이 함유되어 있는 들깨가
어우러진 머위들깨찜은 성인병 예방 등에 효능이 있는 밥반찬입니다.
머위의 쌉쌀한 향과 들깨의 고소한 맛을 즐겨보세요.

머위들깨찜

재료

□ 머윗대 200g
□ 말린 표고버섯 3~4개
□ 다시마 10g
□ 들깨가루 2큰술
□ 쌀가루 1큰술
□ 참기름 · 집간장 · 들기름 약간씩

만드는 법

1 머윗대는 진물이 나올 때까지 끓는 물에 삶아 찬물에 헹군 후 껍질을 벗긴다.

2 물 3컵과 말린 표고버섯, 다시마를 넣고 7분간 끓여 채수를 만든다.

3 껍질을 벗긴 머윗대는 5~6cm 길이로 썬다.
★ 머윗대가 두꺼우면 2등분으로 갈라서 길이를 맞춰서 썰어주세요.

4 채수에서 말린 표고버섯을 건져내어 채 썬 다음, 참기름과 집간장으로 밑간한다.

5 들깨가루와 쌀가루는 섞어서 채수 2~3큰술을 부어 불린다.

6 팬에 들기름과 채수 1큰술을 두르고 머윗대와 표고버섯을 넣어 볶는다.

7 ❻이 어느 정도 익으면 집간장으로 간을 한 후, 남은 채수를 마저 부어 센 불에서 끓인다.

8 걸쭉하게 끓어오르면 ❺를 넣고 불을 줄여서 한소끔 더 끓여낸다.

절집 밥상
더하기

머위는 꼭 삶아서 껍질을 까야 합니다.
머위에서 진물이 나올 때까지 삶아야 손도
새까맣게 물들지 않고 껍질도 잘 벗겨집니다.

유부보쌈

간장과 조청에 조려서 맛을 낸 유부에 데친 배춧잎과
갖가지 채소, 견과류를 싼 별미 메뉴입니다. 유부의 쫄깃한
식감과 배춧잎의 아삭한 식감이 어우러져 먹는 즐거움을
선사합니다.

재료

- □ 사각 유부 8장
- □ 배춧잎 4장
- □ 당근 50g
- □ 밤 4알
- □ 은행 16알
- □ 석이버섯 약간
- □ 집간장 · 참기름 ·
     소금 약간씩
- □ 식용유 1큰술

양념장

- □ 채수 1컵
- □ 집간장 1큰술
- □ 조청 1작은술

만드는 법

1 유부는 끓는 물에 두 번 데쳐낸 다음, 양념장 재료를
   한데 섞어 만든 양념장에 넣고 중간 불에서 3분간
   조린다.

   ★ 채수 만들기는 29쪽을 참조하세요.

2 배춧잎은 끓는 물에 데쳐낸 후 헹궈서 물기를 뺀다.

3 당근은 곱게 채 썰고, 밤은 편 썰어 참기름과
   소금으로 밑간하여 볶는다.

4 은행은 식용유를 살짝 두른 팬에 굴리면서 구운 후
   키친타월 위에 놓고 비비듯이 껍질을 깐다.

5 석이버섯은 끓는 물에 데친 후 물기를 짜내고,
   참기름과 집간장으로 밑간하여 마른 팬에 덖는다.

6 ❶의 한 면을 잘라내어 속을 벌린다.

7 데친 배춧잎을 잘 펴서 그 위에 ❸,❹,❺를
   차례대로 올려 돌돌 만 다음 유부 속에 넣는다.

가지콩살찜

소금에 절인 가지에 칼집을 내어 유부, 새송이버섯, 콩 너비아니, 고추를 넣고 간장과 조청으로 양념한 찜입니다. 콩 너비아니는 콩을 불려서 만든 채식고기로, 마트나 쇼핑몰에서 구입할 수 있습니다.

재료

- □ 가지 2개
- □ 유부 5개
- □ 새송이버섯 1개
- □ 청 · 홍고추 1개씩
- □ 콩 너비아니 1개
- □ 말린 표고버섯 5개
- □ 다시마 10g
- □ 소금 약간
- □ 참기름 1작은술
- □ 집간장 1작은술
- □ 송표간장 2큰술
- □ 조청 1큰술

만드는 법

1 가지는 6~7cm 길이로 썬다. 각 토막은 한쪽 면에만 십자로 칼집을 내고 소금을 뿌려서 절인다.

2 물 3컵과 말린 표고버섯, 다시마를 넣고 5분간 끓여 채수를 만든다.

3 유부는 끓는 물에 두 번 데쳐 물기를 빼고 곱게 다진다.

4 새송이버섯과 청 · 홍고추는 곱게 다진다.

5 콩 너비아니는 손으로 잘게 뜯어낸다.

6 볼에 ❸, ❹, ❺를 담고 집간장과 참기름을 넣어 버무린다.

7 절인 가지의 물기를 꼭 짜낸 후, 칼집 사이에 ❻을 집어넣는다.

8 채수 1컵에 송표간장과 조청을 넣고 끓인다. 끓기 시작하면 ❼을 넣어 양념이 배도록 살짝 굴려주거나 양념을 끼얹은 후 그릇에 담아낸다.

절집 밥상
더하기

가지에 십자로 칼집을 낼 때는 칼이 가지의 중간 정도까지만 들어가게 살짝 넣었다가 빼세요.

월과는 참외의 변종인 채소로 월나라에서 심기
시작하였다고 하여 '월과'라고 불렀습니다. 하지만
지금은 구하기가 어려워 월과 대신 애호박으로
월과채를 만듭니다. 정갈하고 깔끔한 월과채는
여름철 손님상에 어울리는 요리입니다.

월과채

재료

- □ 애호박 1개
- □ 당근 50g
- □ 취청오이 ½개
- □ 팽이버섯 1봉
- □ 찹쌀가루 1컵
- □ 뜨거운 물 2큰술
- □ 부침유 1큰술
  (참기름 ½큰술 +
  식용유 ½큰술)
- □ 소금 · 후추
  적당량씩

양념장

- □ 연겨자 1작은술
- □ 간장 1큰술
- □ 조청 1큰술
- □ 식초 1큰술

만드는 법

1 찹쌀가루는 체에 내린 후 뜨거운 물을 넣어 반죽한다. 같은 크기로 경단을 만든 후 타원형으로 길게 빚어서 부침유를 두른 팬에 구워낸다.

   ★ 찹쌀가루로 반죽을 만들 때는 뜨거운 물을 넣어야 적당하게 점성이 있는 반죽을 만들 수 있습니다.

2 애호박은 감자칼로 얇고 길게 베어낸 후 소금과 후추로 간해서 팬에 굽는다.

   ★ 채소는 약한 불로 서서히 익히면 수분이 다 빠지고 색도 변하기 쉽습니다. 중간 불이나 센 불로 익히세요.

3 당근은 곱게 채 썰어 소금으로 간해서 볶는다.

4 오이는 씨를 빼고 채 썬 후, 소금에 절였다가 물기를 제거하고 볶는다.

5 팽이버섯은 밑동을 잘라내고, 소금으로 간해서 덖는다.

6 구운 애호박 위에 ❶, ❸, ❹, ❺를 차례로 얹은 후 돌돌 말아준다.

7 양념장 재료를 한데 섞어 양념장을 만들어 완성된 월과채에 곁들여 낸다.

절집 밥상
더하기

애호박은 너무 익히면 물기가 생겨 갈라질 수 있으니 팬에 올린 애호박에서 김이 날 때 한 번 뒤집은 후 소금과 후추를 뿌리고 표면이 쭈글쭈글해지면 접시에 바로 옮겨 담으세요.

젊은층이 유난히 좋아하는 이탈리아 음식을 사찰 음식으로
만들어봤습니다. 색다른 맛과 풍미를 즐겨보세요.

가지파스타

재료

- □ 파스타면 240g
- □ 가지 4개
- □ 표고버섯 2개
- □ 적·황·녹색
  파프리카 $\frac{1}{2}$개씩
- □ 모차렐라치즈 80g
- □ 갈은 마 80g
- □ 소금 $\frac{1}{2}$작은술
- □ 올리브유 2큰술
- □ 집간장·참기름
  약간씩

만드는 법

1 가지는 껍질을 벗겨서 20분 정도 찐 후 믹서에 간다.

2 표고버섯은 곱게 다져서 집간장과 참기름을 넣고 볶는다.

3 파프리카의 반은 곱게 다져 물기를 짜고 소금으로 간해서 살짝 덖는다. 나머지는 토핑용으로 채 썰어둔다.

4 파스타면은 끓는 물에 8분 정도 삶아 건져 놓는다.

5 팬에 올리브유를 두르고 믹서에 간 가지를 넣고 소금으로 간을 맞추며 볶는다. 끓어오르면 볶아둔 표고버섯과 파프리카, 모차렐라치즈, 갈은 마를 넣은 후 살짝만 더 볶는다.

★ 가지에는 기름기가 전혀 없어요. 올리브유를 살짝 두르고 볶아야 달라붙지 않아요.

6 ❺에 삶은 파스타면을 넣고 버무린다.

7 그릇에 완성된 가지파스타를 담고 토핑용 파프리카를 얹어 낸다.

시큼하면서 단맛이 강한 살구는 피로 회복과 피부
미용에 좋은 여름 과일입니다. 살구로 쫀득쫀득한
경단을 만들어 오미자청에 곁들여 먹으면 피로가 싹
가시면서 물론 입맛이 절로 살아납니다.

살구당

재료

- □ 살구 5개
- □ 황설탕 2큰술
- □ 찹쌀가루 1컵
- □ 치자물 1큰술
- □ 소금 약간
- □ 오미자청 1컵
  (또는 매실액)
- □ 물 5컵

만드는 법

1 살구는 씨를 빼고 믹서에 간 다음, 황설탕을 섞어 중약 불에 올려 은근하고 되직해질 때까지 졸인다.

2 찹쌀가루는 체에 내린다.

3 졸인 살구와 찹쌀가루, 따뜻한 치자물을 한데 넣고 소금으로 간해서 익반죽한 다음 적당한 크기로 경단을 빚는다.

★ 반죽용 치자물은 말린 치자 1개를 으깨어 뜨거운 물 1컵에 우리거나, 우려 놓은 치자물을 다시 살짝 끓여서 사용하세요.

4 끓는 물에 ❸을 넣은 후 떠오르면 건져내어 찬물에 헹군다.

5 오미자청에 물을 섞고 살구 경단을 넣은 후 시원하게 얼음을 띄워 낸다.

★ 오미자청은 집마다 당도가 약간씩 차이가 나니 기호에 맞게 조절하면 됩니다. 일반적으로 오미자청 1컵에 물 5~6컵을 넣으면 적당합니다.

7월의 절집 밥상

보리밥강정
머위유부말이
제피열무김치
상추대궁전
오이지무침
상추불뚝김치
오방애호박선
목이버섯냉채
쉰다리
감자뭉생이

현미보리밥과 채소들을 섞어 만든 주먹밥을 기름에
튀겨 매콤달콤한 양념을 입힌 밥강정입니다. 밥투정하는
아이들에게 제격인 음식이지요. 고루 섞은 채소의 식감이
먹는 즐거움을 더합니다.

보리밥강정

재료

☐ 불린 현미 1컵
☐ 불린 보리쌀 1컵
☐ 말린 표고버섯 2~3개
☐ 당근 50g
☐ 브로콜리 60g
☐ 집간장 적당량
☐ 참기름 1큰술
☐ 소금 약간
☐ 전분 ¼컵
☐ 튀김용 식용유 적당량

튀김옷

☐ 밀가루 ¾컵
☐ 물 ⅔컵
☐ 전분 1큰술
☐ 소금 약간

양념장

☐ 고추장 1큰술
☐ 간장 1큰술
☐ 조청 1큰술
☐ 매실청 1큰술

만드는 법

1 불린 **현미**와 **보리쌀**로 보리밥을 짓는다.

2 말린 **표고버섯은** 미지근한 물에 20분 정도 불렸다가 꼭 짠 다음, 잘게 다져서
   집간장과 참기름으로 밑간해서 볶는다.

3 당근은 잘게 다져서 소금으로 간해서 덖는다.

4 브로콜리는 끓는 물에 데친 후 찬물에 헹구어 꼭 짜서 잘게 다진다.

5 보리밥에 ❷,❸,❹를 넣어 버무린 후 동글동글하게 여러 개 뭉친다.

6 튀김옷 재료를 섞는다.

7 뭉친 밥에 전분을 묻힌 후 튀김옷을 입혀서 180℃ 정도로 예열한 튀김용 식용유에
   바싹하게 튀겨낸다.

8 팬에 양념장 재료를 넣고 끓이다가 튀겨낸 보리밥강정을 넣고 굴려서 양념장을 묻힌다.

**절집 밥상
더하기**

고슬고슬하게 지은 보리밥과 쌀을 섞으면
점성이 생겨 주먹밥을 만들기가 더 쉬워요.
또 손에 물을 살짝 묻히면 좀 더 깔끔하게
모양을 다듬을 수 있어요.

쫄깃쫄깃한 유부에 쌉쌀한 향이 나는 머윗대를 말아서 간장 양념에 조렸습니다.
채소를 잘 먹지 않는 아이들도 좋아하는 집반찬이에요.

머위유부말이

재료

- □ 머윗대 3~4대
- □ 사각 유부 9장(소)
- □ 집간장 1큰술
- □ 조청 1큰술
- □ 말린 표고버섯 3개
- □ 다시마 10g
- □ 소금 약간

만드는 법

1 머윗대는 소금을 넣은 끓는 물에 데쳐 껍질을 벗긴 후, 물에 담가 아린 맛을 뺀다.

   ★ 머윗대는 끓는 물에 데친 다음 껍질을 벗겨야 색도 파릇하고 껍질을 벗기는 손톱 끝도 까맣게 물들지 않아요.

2 유부는 끓는 물에 두 번 데쳐 기름기를 제거하고, 가장자리 세 면을 잘라내어 길게 편다.

3 물 2컵과 말린 표고버섯, 다시마를 넣고 5분간 끓여 채수를 만든다.

4 집간장과 조청을 담은 그릇을 끓는 물 위에 올려 조청이 부드럽게 녹을 때까지 중탕하여 섞은 후 채수 1컵을 더한다.

   ★ 집간장과 조청을 중탕하면 그냥 섞는 것보다 간장 맛이 부드러워집니다.

5 ❹에 데친 머윗대와 유부를 넣어 3~4분간 조린다.

6 조린 유부는 3장씩 끄트머리가 맞닿게 펼친 후 머윗대를 올려서 돌돌 만다.

7 완성된 머위유부말이를 적당한 크기로 썰어서 그릇에 담고 남은 양념을 끼얹어 낸다.

절집 밥상 더하기

길게 펼친 유부는 3장씩 각 끄트머리가 서로 맞닿게 겹친 후 머윗대를 올려서 세 번 정도 마세요. 그 다음에 길이를 맞춰서 썰면 모양을 예쁘게 만들 수 있어요.

제피가루는 주로 민물고기 요리에 넣는
향신료입니다. 산초가루보다 향이 더 강하지요.
제피가루를 넣고 버무린 열무김치는 향긋한 향
때문에 자꾸만 손이 가는 반찬입니다.

제피열무김치

재료

□ 열무 1단
□ 청 · 홍고추 1개씩
□ 고춧가루 ½컵
□ 집간장 4큰술
□ 제피가루 1작은술

보리죽

□ 불린 보리쌀 ⅓컵
□ 감자 1개
□ 물 5~6컵

만드는 법

1 손질한 열무를 끓는 물에 1분 정도 데친 후 바로 찬물에 헹궈서 물기를 뺀다.

2 냄비에 불린 보리쌀과 감자, 물을 붓고 끓여서 보리죽을 만든 다음 식힌다.

★ 감자와 보리쌀을 넣어 보리죽을 만들 때는 감자를 적당한 크기로 잘라서 넣고, 감자가 완전히 풀어질 때까지 끓이세요.

3 청 · 홍고추는 가늘게 채 썬다.

4 ❷에 청 · 홍고추와 고춧가루, 집간장을 넣고 섞어서 양념을 만든다.

5 열무에 ❹와 제피가루를 넣고 버무린다.

★ 제피열무김치는 푹 익혀서 먹어야 숨이 죽어 제맛이 나요.

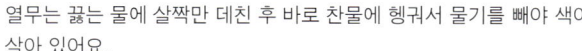

열무는 끓는 물에 살짝만 데친 후 바로 찬물에 헹궈서 물기를 빼야 색이 살아 있어요.

상추대궁전

상추 대궁을 반으로 가르면
우윳빛 진물이 나오는데 거기에
들어 있는 '라쿠루신'이라는
성분이 불면증에 효능이
있습니다. 더위에 뒤척이느라
밤잠 설치는 여름날, 상추
대궁으로 전을 부쳐 먹어보세요.

재료

□ 쫑상추 5~8대
□ 밀가루 $\frac{1}{2}$컵
□ 전분 1작은술
□ 물 $\frac{1}{2}$컵
□ 부침유 2큰술(들기름 1큰술 + 식용유 1큰술)

만드는 법

1 상추는 깨끗이 씻어 물기를 뺀다.

   ★ 상추는 대궁(중심에 있는 굵은 줄기 부분)이 살아 있는 것으로 고르세요. 신경을 안정시키는 라쿠루신 등의 성분이 대궁에 많이 들어 있을 뿐만 아니라 대궁이 있는 상추가 부쳐내기도 편합니다.

2 상추의 대궁을 반으로 갈라 펼친 후 방망이나 칼등으로 살살 두드려 편다.

3 밀가루와 전분을 체에 내린 후 물을 섞어 부침옷을 만든다.

4 팬에 부침유를 두르고 상추에 부침옷을 살짝 입혀 지져낸다.

오이지무침

입맛을 잃기 쉬운 여름날,
오이지무침은 최고의
밥반찬입니다. 짭조름하고 고소한
오이지무침을 오도독오도독 씹어
먹으면 입맛이 되살아납니다.

재료

☐ 오이지 1개
☐ 청고추 ½개
☐ 홍고추 ⅓개
☐ 참깨 1작은술
☐ 참기름 약간

만드는 법

1 오이지는 송송 썬 후 물에 담가서 짠 기운을 뺀다.

2 청·홍고추는 씨를 빼고 곱게 다진다.

3 오이지는 물기를 꼭 짜서 참깨와 참기름을 넣고 버무린 다음 다진 청·홍고추를
   올려서 낸다.

오이지
만들기

재료	만드는 법
☐ 백오이 10개 ☐ 소금 1컵 ☐ 물 10컵	1 백오이는 천일염으로 문질러 씻은 후 물기를 뺀다. 2 물과 소금을 4.5 : 1 비율로 섞어서 끓인 후 한 김 식힌다. 3 백오이를 저장용기에 담고 ❷를 부어서 밀봉한다.

★ 오이지는 실온에서 일주일 정도 숙성시켰다가 국물만 따라내어
끓인 후 한 김 식혀 다시 부어 냉장고에 넣으세요. 일주일 정도
이후에 먹기 시작하면 됩니다.

상추불뚝김치

하루 세 번 상추를 먹으면 더위에도 지치지 않고 기운이
불쑥 솟는다 하여 여름 상추를 '불뚝상추' 라고도 부릅니다.
실제로 세포를 튼튼하게 하는 효능이 있어 천연 항생제나
다름없지요. 상추불뚝김치가 배탈 나기 쉬운 여름철
건강까지 지켜줍니다.

재료

□ 쫑상추 200g
□ 청 · 홍고추 1개씩
□ 고춧가루 ½컵
□ 생강즙 약간
□ 소금 2큰술

밀가루찹쌀풀

□ 밀가루 1큰술
□ 찹쌀가루 1큰술
□ 물 5컵

만드는 법

1 상추를 깨끗이 씻는다. 대궁(중심에 있는 굵은
  줄기 부분)이 너무 단단하면 껍질을 살짝만 벗겨
  방망이로 살살 두드린다.

2 밀가루와 찹쌀가루에 물을 넣고 중간 불에 올려
  묽게 풀을 쑨 후 식힌다.

3 청 · 홍고추는 씨를 제거하고 채 썬다.

4 ❷에 고춧가루와 생강즙을 넣어 섞고, 소금으로
  간한다.

5 ❹에 상추와 청 · 홍고추를 넣고 살살 버무린다.
  저장용기에 상추가 국물에 폭 잠길 정도로 담아
  숨이 죽을 때까지만 깨끗한 돌 같은 무거운 것으로
  눌러놓는다.

  ★ 상추불뚝김치의 숙성 기간은 여름의 경우 실온에서 하루
  정도, 6월이라면 2~3일 정도면 충분합니다. 숙성된 김치는
  냉장고에 넣었다가 꺼내 드세요.

절집 밥상 더하기

상추의 대궁이 너무 단단하면
방망이나 칼등으로 자근자근
두드려주세요. 이렇게 하면 상추에
양념이 좀 더 잘 밴답니다.

오방애호박선

애호박에 칼집을 내고 다섯 가지 채소를 넣어 찐 오방애호박선은
오행의 기운을 상징하는 오방색을 담은 음식입니다. 정갈한 멋과
맛을 가진 여름철 별미입니다.

재료

□ 애호박 1개   □ 밤 4알
□ 말린 표고버섯 2개   □ 석이버섯 5g
□ 단무지 60g   □ 소금 약간
□ 당근 50g   □ 집간장 약간
□ 홍고추 1개   □ 참기름 약간

만드는 법

1 애호박은 반을 갈라 5cm 길이로 썰고, 각각 5개의
   칼집을 내어 소금을 뿌려서 절인 다음, 김이 오른
   찜기에 쪄낸다.

2 말린 표고버섯은 미지근한 물에 20분 정도 불린
   후 곱게 채 썰어 참기름과 집간장으로 밑간해서
   볶는다.

3 단무지는 가늘게 채 썬다.

4 당근은 가늘게 채 썰어 소금으로 간해서 덖고,
   홍고추는 가늘게 채 썰어 살짝 덖어낸 후 덖어놓은
   당근과 섞는다.

5 밤은 가늘게 채 썰어 소금으로 간해서 덖는다.

6 석이버섯은 손질해서 가늘게 채 썰어 참기름과
   집간장으로 밑간해서 볶는다.

7 애호박에 낸 5개의 칼집 사이사이에 ❷, ❸, ❹, ❺,
   ❻을 순서대로 한 가지씩 끼워 넣는다.

8 ❼을 김이 오른 찜기에 넣고 2~3분 정도 쪄낸다.

목이버섯은 식이섬유소 함량이 매우 높고 비타민D가 풍부하며 특히 멜라닌 색소를 몸밖으로 배출시키는 효능이 뛰어납니다. 새콤한 겨자 소스를 곁들인 목이버섯냉채는 탱글탱글하고 쫀득한 목이버섯의 식감을 제대로 느낄 수 있는 여름철 별미입니다.

목이버섯
냉채

재료

□ 목이버섯 30g
□ 당근 40g
□ 오이 ½개
□ 양배추 30g
□ 브로콜리 4쪽
□ 청고추 1개

□ 홍고추 ½개
□ 은행 10알
□ 식용유 약간
□ 콩 너비아니 50g
□ 집간장 · 참기름
  약간씩

소스

□ 겨자가루 ½큰술
□ 배즙 1컵
□ 2배식초 2큰술
□ 조청 2큰술
□ 다진 땅콩 2큰술

만드는 법

1 목이버섯은 끓는 물에 데친 후 손질해서 물기를 뺀다.

2 당근, 오이, 양배추, 브로콜리, 청 · 홍고추는 손질하여 채 썰거나 납작하게 썬다.

3 은행은 식용유를 살짝 두른 팬에 굴리면서 구운 후 키친타월 위에 놓고 비비듯이 껍질을 깐다.

4 콩 너비아니는 채 썰어 집간장과 참기름으로 밑간해서 볶는다.

5 겨자가루는 같은 분량의 미지근한 물에 개어서 가스레인지 옆 등 따뜻한 곳에 두어 20분 정도 숙성시킨다. 숙성시킨 겨자에 나머지 소스 재료를 넣어 섞는다.

6 볼에 준비한 재료를 모두 담아 섞은 후 소스를 넣어 버무린다.

여름철 바깥에 놔뒀다가 쉰밥을 음료로 만든
쉰다리입니다. 새콤하고 단맛이 나 단술이라고도
불리지요. 제주도 토속 음료로 알코올도수가 낮아 음료로
즐깁니다. 쉰다리를 숙성시켜 식초를 만들기도 합니다.

쉰다리

재료

- □ 불린 보리쌀 ½컵
- □ 불린 쌀 ½컵
- □ 누룩 2큰술
- □ 물 4컵

만드는 법

1 2시간 정도 불려놓은 보리와 쌀로 밥을 짓는다.

2 누룩은 절구에 빻아서 잘게 부순다.

3 볼에 밥과 누룩을 넣고 물을 부으면서 치댄다.

4 저장용기나 항아리에 ❸을 담고 밀봉한다.

5 상온에서 하루 정도 숙성시킨다.

6 삭으면 체에 밭쳐 맑은 국물을 내린다.

7 냄비에 ❻을 넣고 약한 불에서 끓인다. 표면에 작은 기포가 올라오면 불을 끄고 식혀서 마신다.

절집 밥상
더하기

쉰다리는 60℃ 정도의 약한 불에서 끓이는 것이 좋습니다. 표면에 새우눈 같은 작은 기포가 뽀글뽀글 올라오면 불을 끄고 식히세요.

강원도 오대산에서 수행하던 큰스님들이
즐겨드신 감자뭉생이입니다. 당시에는 감자에
옥수수와 콩만 넣어 드셨다고 해요.
절집 밥상에서는 밤, 대추, 풋콩, 잣을 넣어
맛을 더했습니다. 풋콩이 나오는 초가을까지
먹기 좋은 별미 간식입니다.

감자뭉생이

재료

- □ 감자 4개
- □ 밤 4~5알
- □ 대추 5개
- □ 풋콩 ½컵 (강낭콩 또는 울타리콩)
- □ 잣 1큰술
- □ 황설탕 2작은술
- □ 소금 약간
- □ 참기름 1작은술
- □ 물 1작은술

만드는 법

1 감자는 껍질을 깐 후 강판에 갈아서 베보자기에 넣고 즙을 짜낸다.

2 밤은 썰어 3~4조각을 낸다.

3 대추는 씨를 빼서 돌돌 만다.

4 풋콩은 씻어서 물기를 뺀다.

   ★ 풋콩이 없으면 불린 서리태를 10분 정도 삶아서 사용해도 됩니다.

5 ❶에 황설탕과 소금을 넣어 섞은 후 ❷, ❸, ❹와 잣을 넣고 버무려 뭉친다. 김이 오른 찜기에 올려 20분 정도 쪄낸다.

   ★ 감자뭉생이를 한입 크기로 동글동글하게 만들어서 쪄내면 먹기에 편해요.

6 서로 달라붙지 않도록 물에 참기름을 타서 뿌린 후 접시에 담아서 낸다.

8월의 절집 밥상

감자보리밥

노각무침

아삭이고추김치

깻잎칼국수

수삼채소말이

깻잎조림

오색냉채

뿌리연잎찜

오미자탕수

산삼마구이

두부떡

단호박두부

감자보리밥

어린시절, 여름이면 대청마루에
소쿠리를 걸어서 그 안에 넣어두고
먹던 밥입니다.
탱글탱글한 보리밥과 잘 익은
감자를 함께 입안에 넣으면
구수하고 담백한 맛이 마음까지
편안하게 해줍니다.

재료

☐ 보리쌀 2컵
☐ 쌀 1컵
☐ 감자 2개(중)

만드는 법

1 보리쌀과 쌀은 씻어서 2시간 이상 불려놓는다.

2 감자는 껍질을 벗겨서 2등분한 후, 납작납작하게 썬다.

3 솥에 불린 보리쌀과 쌀을 넣고 썰어놓은 감자를 얹는다. 불린 쌀과 밥물의
   비율을 1:1로 맞춰 밥을 안친다.

4 센 불에 올려서 10분간 끓이다가 김이 오르면 중간 불로 줄여서 10분간 뜸을
   들인다.

노각무침

늙은 오이라고도 불리는 노각은
수분이 많이 함유되어 있고
섬유질도 많아 갈증 해소는
물론 피로 회복에 좋은 여름철
채소입니다. 노각무침은 반찬으로
먹어도 좋고, 밥에 넣고 비벼 먹어도
그만입니다.

재료

- □ 노각 1개(중)
- □ 소금 1큰술
- □ 고춧가루 1큰술
- □ 식초 1큰술
- □ 설탕 1작은술
- □ 깨 1작은술

만드는 법

1 노각은 껍질을 벗겨 반을 갈라 씨를 빼낸 후 먹기 좋은 크기로 썬다. 소금을 뿌려 잠깐 절였다가 물기를 꼭 짠다.

2 절인 노각에 고춧가루를 넣고 붉은색이 배게 무쳐놓는다.

3 ❷에 설탕, 식초, 깨를 넣고 버무린다.

만들어서 바로 먹는 김치입니다. 이름처럼 아삭하게 씹히는
고추와 매콤새콤한 소가 어우러져 입맛을 돋웁니다.

아삭이고추김치

재료

- □ 아삭이고추 8개
- □ 무 150g
- □ 오이 ½개
- □ 당근 40g
- □ 배 ¼쪽
- □ 고춧가루 2큰술
- □ 소금 1큰술
- □ 식초 2큰술

❹

만드는 법

1 무, 오이, 당근은 곱게 채 썬다. 무에 먼저 고춧가루 1큰술을 넣고 색을 낸 후, 채 썬 오이와 당근, 고춧가루 1큰술, 소금, 식초를 넣고 버무린다.

2 배는 채 썰어 ❶에 넣고 섞는다.

3 아삭이고추는 세로로 길게 잘라서 씨를 발라낸다.

4 ❷를 아삭이고추 속에 집어넣고 접시에 담고 ❷에서 남은 국물을 끼얹어낸다.

절집 밥상
더하기

아삭이고추를 세로로 길게 가를 때는 큰 칼보다는 작은 칼을 사용하는 게 편합니다. 손질한 아삭이고추는 씨를 빼내서 준비해두세요.

깻잎물로 반죽을 만든 칼국수입니다. 초록색
국수가 보기에도 먹음직할 뿐더러 특유의 깻잎
향이 살아나 개운하고 맛깔스런 별미입니다.

깻잎칼국수

재료

- 말린 표고버섯 40g
- 다시마 50g
- 애호박 ¼개
- 감자 1개
- 당근 50g
- 느타리버섯 40g
- 청 · 홍고추 1개씩
- 집간장 2큰술
- 참기름 적당량
- 밀가루 1큰술
  (덧가루용)

반죽

- 깻잎 10장
- 물 1컵
- 밀가루 4컵
- 소금 1큰술
- 올리브유 1큰술

만드는 법

1 깻잎은 믹서에 물과 함께 넣고 갈아서 베보자기에 밭쳐 깻잎물을 받는다.
깻잎물과 소금, 올리브유를 섞고 밀가루를 체에 내려 칼국수 반죽을 만든다.
반죽을 잘 치댄 후 봉지에 넣고 30~40분간 휴지시킨다.

2 물 6컵과 말린 표고버섯, 다시마를 넣고 7분간 끓여 채수를 만든다.
표고버섯과 다시마를 건져내고 채수에 집간장을 넣어 1분간 더 끓여
맛국물을 준비한다.

3 채수에서 건진 표고버섯은 물기를 짜고 채 썰어 참기름과 집간장으로
밑간해서 볶는다.

4 칼국수 반죽에 밀가루(덧가루용)를 뿌려가며 밀대로 밀어 0.5cm 두께로 만들고,
세 번 정도 접어 0.3cm 너비로 채 썰어 칼국수면을 만든다.

5 애호박과 감자는 반달 썰고, 당근은 굵게 채 썬다. 느타리버섯은 가늘게
찢는다. 청 · 홍고추는 반을 갈라 씨를 털어내고 어슷 썬다.

6 맛국물을 불에 올려 끓이고, 끓기 시작하면 칼국수면과 감자를 넣는다.
한소끔 끓어오르면 준비한 표고버섯과 애호박, 당근, 느타리버섯을 넣고
한소끔 더 끓인다. 마지막에 어슷 썬 고추를 올려 낸다.

★ 칼국수면은 덧가루용 밀가루를 털어내고 국물에 넣어야 국물이 탁해지지 않아요.

수삼
채소말이

더위에 허약해진 기력을
회복시켜주고, 면역력을 키워주는
수삼을 겨자 양념에 버무려 오이에
만 밥반찬입니다.

재료

□ 수삼 1개   □ 대추 5개
□ 당근 60g   □ 청오이 2개
□ 팽이버섯 ½봉   □ 소금 약간
□ 밤 5알   □ 참기름 약간

양념

□ 연겨자 1큰술   □ 조청 2큰술
□ 간장 2큰술   □ 식초 2큰술

만드는 법

1 수삼은 손질하여 *3cm* 길이로 채 썬다.

2 당근도 *3cm* 길이로 채 썰어 소금을 뿌려서 덖는다.

3 팽이버섯은 밑동을 잘라내고 소금을 뿌려 마른 팬에서 재빨리 덖는다.

4 밤은 가늘게 채 썬다. 대추도 씨를 발라내어 채 썬다.

5 오이는 씻어서 감자칼로 길게 저며낸다.

6 ❶, ❷, ❸, ❹를 양념에 버무린다.

7 길게 저민 오이에 ❻을 얹어 돌돌 만다.

깻잎조림

깻잎조림은 여름철 효자 반찬 중 하나입니다. 만들기도 쉽고, 한번 해놓으면 두고두고 먹을 수 있어요.

재료

- □ 깻잎 200g
- □ 말린 표고버섯 5개
- □ 다시마 20g

양념장

- □ 밤 30g
- □ 집간장 2큰술
- □ 들기름 1큰술
- □ 고춧가루 1작은술
- □ 실고추 약간

만드는 법

1 물 3컵과 말린 표고버섯, 다시마를 넣고 5분간 끓여 채수를 만든다.

2 깻잎은 깨끗이 씻어 채반에 밭쳐 물기를 뺀다.

3 밤은 껍질을 벗기고 곱게 채 썬다.

4 채수에 양념장 재료를 섞어 양념장을 만든다.

5 냄비에 깻잎을 2~3장 넣고 양념장을 바른다. 이 과정을 반복하여 깻잎과 양념장을 켜켜이 쌓은 뒤 중간 불에서 10분 정도 조린다.

세 가지 버섯과 당근, 청 · 홍피망, 치자지단, 콩나물 등으로
다섯 가지 색을 낸 냉채입니다. 시원하고 새콤한 겨자 소스에
곁들인 오색냉채는 입보다 눈이 먼저 즐거운 요리입니다.

오색냉채

재료

- ☐ 표고버섯 2개
- ☐ 느타리버섯 40g
- ☐ 팽이버섯 30g
- ☐ 콩나물 100g
- ☐ 청피망 1개
- ☐ 홍피망 $\frac{1}{2}$개
- ☐ 당근 20g
- ☐ 배 $\frac{1}{2}$개
- ☐ 소금 약간

지단

- ☐ 찹쌀가루 2큰술
- ☐ 밀가루 4큰술
- ☐ 치자가루 $\frac{1}{3}$작은술
- ☐ 소금 약간
- ☐ 물 6큰술

소스

- ☐ 연겨자 1작은술
- ☐ 배즙 $\frac{1}{2}$컵
- ☐ 2배식초 1큰술
- ☐ 소금 약간

만드는 법

1 표고버섯과 느타리버섯은 소금을 넣은 끓는 물에 데친 후 찬물에 씻어 물기를 빼고, 표고버섯은 채 썰고, 느타리버섯은 찢어놓는다.

2 팽이버섯은 밑동을 잘라 씻은 후 물기를 뺀다.

3 콩나물은 머리와 꼬리를 다듬어내고 끓는 물에 데친 후 차게 식혀놓는다.

4 청·홍피망은 고명용으로 따로 조금만 잘라 팥알 크기로 썰어두고, 나머지는 5cm 길이로 채 썬다.

5 당근과 배도 5cm 길이로 채 썬다.

6 찹쌀가루와 밀가루, 치자가루, 소금은 섞어서 체에 내려 물을 더해서 반죽하고, 달군 팬에 얇게 부친 후 5cm 길이로 채 썬다.

7 소스 재료를 한데 섞는다.

8 준비한 재료들을 색을 맞춰서 접시에 소복이 담는다.

9 ❹의 고명용 청·홍피망을 뿌리고 소스를 따로 담아서 곁들인다.

연근, 고구마, 마, 당근 등 몸에 좋은 뿌리채소를
연잎에 싸서 쪄냈습니다. 향긋한 연잎 향이 코를
먼저 자극하고 연잎 안에 오밀조밀 모여 있는 다양한
뿌리채소가 눈을 사로잡는 매력적인 음식입니다.

뿌리연잎찜

만드는 법

1 연근은 껍질을 벗기고 *2cm* 두께로 통썰기 한 후, 크기를 보고 2~4등분한다.
   끓는 물에 넣고 3~4분 정도 삶는다.

2 감자, 고구마, 마도 껍질을 벗겨 연근과 같은 크기로 썬다.

3 당근, 단호박도 연근과 같은 크기로 썬다.

4 밤은 껍질을 벗겨 2등분한다. 은행은 식용유를 살짝 두른 팬에 굴리면서 구운 후
   키친타월 위에 놓고 비비듯이 껍질을 깐다.

5 브로콜리는 한입 크기로 썰어놓는다.

6 연잎을 펼쳐서 위에 준비한 재료를 모두 넣고, 구운 소금을 뿌린 후 보자기를
   싸듯이 연잎을 감싸서 명주실로 묶는다.

7 김이 오른 찜기에서 20분 정도 쪄낸다.

재료

□ 연잎 1장   □ 밤 3알
□ 연근 50g   □ 은행 10알
□ 감자 ½개   □ 브로콜리 ¼개
□ 고구마 ½개   □ 구운 소금 약간
□ 마 50g   □ 식용유 약간
□ 당근 50g   □ 명주실
□ 단호박 50g

절집 밥상
더하기

연잎에 싼 재료들이 다 익으면 연잎을 다시
덮어 2분간 그냥 두세요. 연잎의 향이 한층 더
깊어집니다.

오미자청으로 붉게 물들인 연근과 튀긴 표고버섯으로
만든 탕수입니다. 담백하고 고소한 버섯의 맛과 새콤한
오미자 소스가 어우러져 색다른 맛을 선사합니다.

오미자탕수

재료

□ 말린 표고버섯 10개
□ 청·홍피망 $\frac{1}{4}$개씩
□ 연근 40g
□ 오미자청 1큰술
□ 전분 $\frac{1}{2}$컵
□ 튀김용 식용유 적당량

튀김옷

□ 밀가루 $\frac{1}{2}$컵
□ 전분 1큰술
□ 소금 약간
□ 물 $\frac{1}{2}$컵

소스

□ 오미자청 $\frac{1}{2}$컵
□ 송표간장 $\frac{1}{2}$큰술
□ 사과 $\frac{1}{4}$개
□ 전분 1큰술
□ 식초 1작은술

만드는 법

1 말린 표고버섯은 미지근한 물에 담가 20분 정도 불린 후 물기를 빼고 크기에 따라 2~4등분한다.

2 피망은 한입 크기로 썬다.

3 연근은 통으로 얇게 썰어 오미자청에 넣고 엷게 물들인다.

4 밀가루와 전분, 소금은 섞어서 체에 내린 후, 물을 더해 튀김옷을 만든다.

5 손질한 표고버섯은 전분을 묻혀서 튀김옷을 입힌 후, 180℃ 정도로 예열한 튀김용 식용유에 두 번 튀겨낸다.

6 사과는 강판에 갈아서 체에 거른 후 전분 1큰술과 섞는다.

7 팬에 오미자청과 간장을 넣고 불에 올린 뒤, 끓어오르면 ❷와 ❸을 넣고 ❻을 더해 소스를 걸쭉하게 만든다. 마지막에 식초를 넣고 불을 끈다.

8 튀겨낸 표고버섯에 ❼을 부어서 낸다.

절집 밥상
더하기

연근에 오미자물을 들일 때는 연근이 푹 잠길 수 있도록 오미자청에 물을 섞어주세요. 연근색이 연한 핑크빛으로 물들 때까지 오미자물에 10~30분 정도 담갔다가 빼면 됩니다. 집에서 만든 오미자청을 사용할 때는 30분 정도 담가두면 물이 예쁘게 듭니다.

산삼마구이

산에서 나는 약이라 불리는 마와
산삼을 한 그릇에 담아냈습니다.
유자청이 쌉쌀한 산삼과 고소한
마에 달콤한 맛과 향을 더합니다.

재료

□ 산삼 4뿌리
□ 마 200g
□ 유자청 1큰술
□ 소금 약간

만드는 법

1 산삼은 씻은 후 행주로 물기를 닦아서 준비한다.

2 마는 어슷하게 썰어 팬이나 그릴에 겉이 노릇노릇해질 때까지 구워낸다. 소금을
   약간 친다.

3 구운 마를 접시에 담고 산삼과 유자청을 곁들여 낸다.

두부떡

으깬 두부에 단호박가루를 넣어 만든 떡입니다. 열량은 낮추고 단백질 함량은 높인 영양만점 간식입니다.

재료

- □ 두부 1모
- □ 쌀가루 2컵
- □ 단호박가루 1큰술
- □ 호박씨 10알
- □ 설탕 2큰술
- □ 소금 약간

만드는 법

1 두부는 끓는 물에 데쳐 베보자기에 넣고 으깨서 물기를 제거한 다음, 굵은 체에 내린다.

2 쌀가루와 단호박가루는 섞어서 체에 내린다.

3 체에 내린 두부에 ❷와 설탕, 소금을 넣고 섞는다.

4 시루에 베보자기를 깐 후 ❸을 넣고, 호박씨로 장식을 한다.

★ 시루가 없다면 빈 우유 곽 바닥에 구멍을 5~6개 뚫어서 사용해도 됩니다.

5 김이 오른 찜솥에 ❹를 넣고 20분간 쪄낸다.

영양만점 단호박으로 만든, 푸딩처럼 부드러운
두부입니다. 단호박 특유의 달콤한 맛을
말캉말캉하고 부드러운 식감으로 즐겨보세요.

단호박두부

재료

- □ 단호박 $\frac{1}{2}$개
- □ 콩가루 3큰술
- □ 소금 약간
- □ 우유 1컵
- □ 전분 1큰술
- □ 한천가루 1큰술

만드는 법

1 단호박은 손질해서 김이 오른 찜기에 넣어 30분 정도 찐 후 으깬다.

2 으깬 단호박, 콩가루, 소금, 우유, 전분을 믹서에 넣고 간 다음, 냄비에 부어 풀을 쑤듯이 저으면서 약한 불에서 20분간 끓인다.

3 한천가루는 미지근한 물 $\frac{1}{2}$컵에 불려놓았다가 약한 불에서 10분간 끓인다.

4 모양틀이나 그릇에 ❷를 부어서 식힌 후 끓인 한천가루를 코팅하듯이 부어 다시 식힌다.

여름 茶

낮의 길이가 절정에 이르는 여름은 몸의 열기
역시 치열해지는 시기입니다.
청량한 기운의 여름차가 더위를 식히고, 갈증을
해소하여 심신을 맑게 해줄 겁니다.

메밀차

재료 | 메밀 1kg

1 메밀은 흐르는 물에 씻어서 물기를 말린다.
2 무쇠솥이나 바닥이 두꺼운 스테인리스 냄비 혹은 팬(음식을 한 번도 하지 않은 새것)에 메밀을 넣고 메밀의 색이 살짝 변할 정도로 센 불에 덖은 후 식힌다.
3 한 잔에 1작은술을 넣고 100℃ 정도의 물을 부어서 5분가량 우려서 마신다.

연잎차

재료 | 연잎 1kg

1 연잎은 깨끗이 씻어 물기를 말린다.
2 물기가 마르면 연잎 여러장을 겹쳐 놓고 얇게 채 썬다.
3 채 썬 연잎을 그늘에 5일 정도 말린다.
4 무쇠솥이나 바닥이 두꺼운 스테인리스 냄비 혹은 팬(음식을 한 번도 하지 않은 새것)에 찻잎을 넣고 면장갑을 낀 두 손으로 10분 동안 빠르게 중약불에서 덖는다.
5 체에 담아 찌꺼기를 걸러낸 다음 다시 덖기를 3회 반복한다.
6 한 잔에 1작은술을 넣고 90℃ 정도의 물을 부어서 5분가량 우려서 마신다.

연꽃차

재료 | 연꽃 1송이

1 연꽃은 꽃잎을 한 장씩 펼쳐서 수반에 올린다.
2 100℃ 정도의 물을 연꽃잎이 충분히 담길 때까지 연꽃 수술에 천천히 부어준다.
3 1~2분 정도 지나 연잎이 활짝 피어나면 찻잔에 따라 마신다.

봄과 여름을 견디며 알알이
여문 곡식과 열매로 차린
가을 밥상입니다.

가을

9월의 절집 밥상

더덕밥

연근채소샐러드

삼색찹쌀전병무침

모듬버섯전

연꽃칼국수

연근전

더덕잣즙무침

능이버섯두부선

사과토란탕수

연근묵

더덕은 산삼 버금가는 약효가 있다고 하여 한방에서는 사삼이라
불립니다. 칼슘, 철분 같은 무기질은 물론 단백질, 비타민 등 모든
영양소가 고루 들어 있지요. 양념한 더덕을 넣어 지은 더덕밥은 절로
군침을 돌게 하는 영양식입니다.

더덕밥

재료

□ 더덕 4대
□ 잣 2큰술
□ 표고버섯 2개
□ 브로콜리 4꼭지
□ 당근 50g
□ 청고추 2개
□ 홍고추 1개
□ 뜨거운 밥 3컵
□ 참기름 2큰술
□ 소금 $\frac{1}{2}$큰술

만드는 법

1 더덕은 껍질을 벗겨서 씻은 후 반으로 갈라서 방망이로 살살 두드리며 펴서 잘게 찢는다.

2 잣은 절구에 넣고 가루가 될 정도로 곱게 빻는다.

3 손질한 더덕에 잣과 참기름, 소금을 넣고 버무려서 다독여 놓는다.

4 표고버섯과 브로콜리, 당근, 청 · 홍고추는 조금 굵게 다진다.

5 뚝배기에 참기름을 살짝 두르고 ❹를 넣어 중약 불에서 볶다가 바닥에 펴서 몇 번 더 뒤적인다. 물 2큰술을 넣고 그 위에 뜨거운 밥을 올린다.

6 ❺에 ❸을 올리고 뚜껑을 덮어 약한 불에서 10분간 뜸 들인다.

★ 밥과 더덕, 채소를 잘 섞어서 드세요. 기호에 따라 양념장을 곁들여도 좋아요.

절집 밥상
더하기

방망이로 두드려서 편 더덕은 생즙이 더
잘 나올 수 있게 잘게 찢은 후 양념과 함께
짓이기듯 치대주세요.

연근은 대표적인 저열량 고영양 식자재입니다. 암을 예방하는
클로겐산은 물론 비타민, 식이섬유, 탄닌이 많이 함유되어 있지요.
상큼한 소스를 곁들인 연근채소샐러드로 연근을 색다르게
즐겨보세요.

연근채소 샐러드

재료

- 연근 100g
- 양상추 3장
- 치커리 30g
- 양배추 4g
- 적채 30g
- 당근 20g
- 오이 30g
- 단촛물 4큰술

소스

- 유자청 2큰술
- 식초 1큰술
- 배즙 1큰술
- 된장 1큰술

만드는 법

1 연근은 얇게 저며서 단촛물에 담가서 절인다.

　★ 단촛물은 식초 2큰술, 설탕 2큰술, 소금 ½큰술을 약한 불에서 저어가면서 녹인 후 식힙니다.

2 양상추와 치커리는 먹기 좋은 크기로 찢고, 양배추와 적채는 채 썰어 물에 담갔다가 건져낸다.

3 당근과 오이도 모양을 살려 얇게 썬다.

4 된장은 절구에 곱게 빻은 후 나머지 소스 재료와 섞어서 소스를 만든다.

5 그릇에 준비한 재료를 모두 담고 소스를 뿌려 먹는다.

세 가지 색을 내어 부쳐낸
찹쌀전병과 향긋한 미나리, 담백한
표고버섯 그리고 밤, 은행 등을
달콤짭조름한 양념에 무쳤습니다. 한
그릇에 자연의 빛깔과 기운을 모두
담아낸 음식입니다.

삼색찹쌀
전병무침

재료

□ 찹쌀가루 2컵
□ 치자가루 · 백련초가루 ·
　녹차가루 ¼작은술씩
□ 뜨거운 물 12큰술
□ 숙주 150g
□ 미나리 60g
□ 당근 40g
□ 말린 표고버섯 2개

□ 은행 10알
□ 밤 3알
□ 대추 3개
□ 집간장 1큰술
□ 참기름 1작은술
□ 부침유 2큰술(참기름 1큰술
　+ 식용유 1큰술)

양념장

□ 집간장 2큰술
□ 조청 2큰술
□ 참기름 약간

만드는 법

1 집간장과 조청, 참기름은 그릇에 담아 끓는 물 위에 그릇째 올려서 조청이
　부드럽게 녹을 때까지 중탕하여 양념장을 만든다.

2 찹쌀가루는 3등분해서 각각 백련초가루, 치자가루, 녹차가루와 섞는다. 각각 끓는
　물 4큰술 정도씩 넣어서 익반죽한다.

3 숙주는 머리와 꼬리를 떼어내서 끓는 물에 데친다. 미나리도 손질해서 끓는 물에
　데친다.

4 말린 표고버섯은 미지근한 물에 20분간 불린 후 채 썰고, 집간장과 참기름으로
　밑간해서 볶는다.

5 밤은 편 썰어 마른 팬에 덖는다. 은행은 식용유를 살짝 두른 팬에 굴리면서 구운
　후 키친타월 위에 놓고 비비듯이 껍질을 깐다.

6 대추는 씨를 빼고 채 썬다. 당근도 적당한 크기로 채 썬다.

7 ❷를 새알 크기만 하게 떼어내어 부침유를 살짝 두른 팬에 부쳐낸다.

8 볼에 준비한 채소와 견과류, 찹쌀전병을 담고 양념장 재료를 넣어 무친다.

다양한 버섯에 밀가루풀을 입혀 부쳐낸
버섯전입니다. 버섯 특유의 담백한 즙이 치자, 녹차
향과 어우러져 더욱 맛있습니다.

모듬버섯전

재료

- ☐ 표고버섯 4개
- ☐ 느타리버섯 4개
- ☐ 새송이버섯 1개
- ☐ 팽이버섯 1봉
- ☐ 부침유 2큰술(들기름 1작은술 + 식용유 1작은술)

밀가루풀

- ☐ 밀가루 $\frac{1}{2}$컵
- ☐ 전분 2큰술
- ☐ 치자가루 $\frac{1}{4}$작은술
- ☐ 녹차가루 $\frac{1}{4}$작은술
- ☐ 물 $1\frac{1}{2}$컵
- ☐ 집간장 약간

만드는 법

1 표고버섯은 젖은 행주로 갓의 주름진 부분까지 잘 닦고 밑동은 잘라둔다. 표고버섯의 갓은 어슷하게 썰어 2등분한다.

2 느타리버섯은 씻어서 물기를 뺀 후 아래쪽부터 갈라서 갓 부분까지 펴준다.

3 새송이버섯은 씻어서 물기를 뺀 후 모양을 살려 세로결대로 썬다.

4 팽이버섯은 씻어서 밑동을 자르고 물기를 뺀다.

5 밀가루와 전분은 섞어서 체에 내려 2등분한 후, 각각 치자가루와 녹차가루와 물 $\frac{2}{3}$컵씩을 넣어 밀가루풀을 만들고 집간장으로 간한다.

★ 밀가루풀을 만들 때 가루와 물의 비율을 1:1.1 정도로 맞추면 됩니다.

6 팬에 부침유를 두르고 준비해놓은 버섯들에 밀가루풀을 입혀 지져낸다.

보는 것만으로도 마음까지 맑고 향기로워지는
절집 별미입니다. 연은 본초강목에서 몸에 질병을
없애고 기력을 성하게 하는 식물로 오래 먹으면 몸이
가벼워지고 장수한다고 전해집니다.

연꽃칼국수

재료

- □ 연꽃 1송이
- □ 연잎 1장
- □ 물 ½컵
- □ 당근 50g
- □ 밤 2알
- □ 석이버섯 10g
- □ 감자 1개
- □ 애호박 ⅓개
- □ 말린 표고버섯 7개
- □ 다시마 30g
- □ 집간장 2큰술
- □ 소금 약간
- □ 참기름 1큰술

반죽

- □ 밀가루 3컵
- □ 전분 2큰술
- □ 올리브유 2큰술
- □ 소금 1작은술

만드는 법

1 물 5컵과 말린 표고버섯, 다시마를 넣고 7분 정도 끓여 채수를 만든 다음, 표고버섯과 다시마는 건져내고 집간장 2큰술을 넣어 맛국물을 만든다.

2 연잎은 잘게 썰어 믹서에 넣고 물을 부어서 간다. 베보자기로 짜서 연잎즙을 내린다.

3 밀가루와 전분은 체에 내린 후 올리브유와 소금, 연잎즙을 넣어 반죽한다. 비닐랩을 덮어 상온에 1시간가량 숙성시켜서 반죽을 완성한다.

★ 칼국수 반죽은 1시간 정도 휴지시켜야 밀가루 냄새가 나지 않고 식감도 더 쫄깃합니다.

4 당근, 밤, 석이버섯은 곱게 채 썰어 각각 소금으로 간하여 볶는다.

5 ❶에서 건져낸 표고버섯은 물기를 짜고 곱게 채 썰어 소금으로 간하여 볶는다.

6 감자와 애호박은 곱게 채 썰어 각각 볶는다.

7 연꽃은 흐르는 물에 씻어서 물기를 털어낸 후 꽃잎을 한 장씩 펼쳐서 정돈한다.

8 반죽을 밀대로 밀고 적당한 굵기로 썰어 칼국수면을 만든다.

9 맛국물을 센 불에 올려 끓어오르면 칼국수면을 넣고 면이 떠오를 때까지 끓인 후 참기름을 넣는다.

10 그릇에 다 익은 칼국수면을 담고 그 위에 준비한 연꽃을 올린다.

11 연꽃 위에 ❹, ❺, ❻을 정갈하게 얹어서 낸다.

절집 밥상 더하기

연꽃은 대를 잡고 꽃술이 바닥을 향한 상태에서 흐르는 물에 씻어주세요. 깨끗이 씻은 연꽃은 물기를 털어낸 후 가장 바깥에 있는 꽃잎부터 한 장씩 펼쳐서 준비합니다.

연근전

다진 연근에 흑임자를 넣어서
부친 전입니다. 아삭아삭한
연근의 식감이 살아 있지요.
흑임자가 연근의 맛을 더욱
고소하고 담백하게 합니다.

**절집 밥상
더하기**

연근에 밀가루를 넣어 반죽할
때는 따로 물을 넣지 않아도
됩니다. 연근에서 수분이 나오기 때문이지요.
손에서 물기가 느껴질 정도까지 짓이기듯이 연근
반죽을 치대면 잘 엉겨서 부칠 때도 좀 더 쉽게
모양을 만들 수 있습니다.

재료

□ 연근 1개(500g)
□ 홍고추 약간
□ 흑임자 1큰술
□ 밀가루 ½컵
□ 소금 약간
□ 부침유 2큰술(들기름 1큰술 + 식용유 1큰술)

만드는 법

1 연근은 껍질을 벗기고 곱게 다진다.

2 흑임자는 절구에 넣어 굵게 빻는다.

3 연근과 흑임자를 섞고 밀가루와 소금을 넣어서 반죽한다. 이때 연근에서 수분이
   잘 나오도록 손으로 치대듯이 반죽한다.

4 팬에 부침유를 두르고 반죽을 한 숟갈씩 떠서 부친다.

5 연근전 위에 채 썬 홍고추를 고명으로 올린다.

더덕
잣즙무침

더덕에 양배추, 당근 등 여러
채소를 함께 넣어 잣즙에 버무린
밥반찬입니다. 더덕 특유의 은근한
향과 고소한 잣즙이 어우러져 입을
즐겁게 합니다.

절집 밥상
더하기

　더덕잣즙무침을 조금 더
상큼하게 즐기고 싶다면 겨자
소스를 곁들여보세요. 배 ½개, 잣 1큰술, 호두
1개, 더덕잔뿌리 20g, 올리브유 1큰술, 소금
1작은술, 겨자 1작은술, 식초 1큰술을 믹서에
넣고 갈기만 하면 겨자 소스가 완성됩니다.

재료

☐ 더덕 2대　　　　☐ 청피망 ½개
☐ 양배추 60g　　　☐ 홍피망 ½개
☐ 당근 40g　　　　☐ 비트 40g

양념

☐ 잣 2큰술　　　　☐ 참기름 1큰술
☐ 소금 1작은술　　☐ 배즙 2큰술

만드는 법

1　더덕은 껍질을 벗겨서 씻고 반으로 갈라 방망이로 살살 두드리며 편 후
　　보슬보슬하게 찢는다.

2　잣은 절구로 곱게 빻은 후 참기름, 소금을 넣고 거품기로 젓는다. 중간중간
　　배즙을 조금씩 나눠서 넣으며 양념을 완성한다.

3　찢어 놓은 더덕에 양념을 넣어 버무린다.

4　양배추, 당근, 청·홍피망은 5cm 길이로 채 썬다.

5　비트는 5cm 길이로 채 썰어 붉은색이 나오지 않을 때까지 물에 담갔다가
　　헹군 후 물기를 뺀다.

6　그릇에 채 썬 채소와 비트를 잘 섞어서 담고 그 위에 양념한 더덕을 올린다.

능이버섯은 면역력을
강화시켜주고 기침, 천식 등
기관지 질병을 치료하는 데
효능이 있습니다. 기온차가
큰 환절기에 먹으면 좋지요.
능이버섯 특유의 향이
배어들어 더욱 깊고 담백한
맛이 나는 능이버섯 두부선은
밥반찬으로 그만입니다.

능이버섯두부선

재료

- □ 두부 1모
- □ 능이버섯 50g
- □ 참기름 1큰술
- □ 집간장 약간
- □ 부침유 2큰술
  (들기름 1큰술 +
  식용유 1큰술)
- □ 소금 약간

만드는 법

1 두부는 끓는 물에 데친 후 4등분하여 썬다. 각각 가운데에 ✕자로 칼집을 내어 소금을 뿌린다.

2 두부의 물기를 닦아내고 부침유를 두른 팬에 노릇하게 부친다.

3 능이버섯은 솔로 사이사이 깨끗이 닦아내 미지근한 물에 불린다.

4 불린 능이버섯은 물기를 꼭 짜고 3~4cm 길이로 가늘게 채 썰어, 집간장과 참기름으로 밑간해서 덖는다.

5 두부의 칼집 사이에 덖은 능이버섯을 채워 김 오른 찜기에 넣고 3분간 찐다.

절집 밥상 더하기

● 능이버섯은 주름이 많아 솔로 잘 훑어가며 닦아야 합니다. 버섯이 모여 있다면 손으로 펼친 다음 솔로 닦아주세요.

● 칼집을 넣은 두부의 뒤편을 가운데 손가락으로 살짝 누르면 칼집을 낸 부분이 벌어져 능이버섯을 넣기가 한결 수월합니다.

칼슘과 칼륨이 풍부하게 들어 있는 토란은 대표적인 가을철 채소입니다.
주로 탕을 끓여 먹는데, 미끄덩거리는 식감을 싫어하는 사람도 있지요.
토란을 갈아 경단을 빚어 달콤한 사과 소스를 곁들인 사과토란탕수를
만들어보세요. 아이들도 무척 좋아한답니다.

사과토란탕수

재료

- □ 토란 10개
- □ 두부 ½모
- □ 당근 40g
- □ 표고버섯 1개(중)
- □ 소금 약간
- □ 참기름 약간
- □ 전분 2큰술
- □ 튀김용 식용유 적당량

소스

- □ 각색의 파프리카 ¼개씩
- □ 팽이버섯 50g
- □ 채수 1컵
- □ 송표간장 1큰술
- □ 매실청 1큰술
- □ 사과 1개
- □ 전분 ⅔큰술
- □ 참기름 약간

만드는 법

1 토란은 껍질째 찜기에 넣고 20분 정도 찐 후, 뜨거울 때 껍질을 벗겨서 으깬다.

2 두부는 끓는 물에 데친 후 물기를 빼고 베보자기에 넣어 으깬다.

3 당근과 표고버섯은 손질해서 곱게 다진다.

4 준비한 토란, 두부, 당근, 표고버섯을 한데 섞고 참기름과 소금을 넣어서 반죽한다. 반죽을 경단처럼 동글게 만든다.

5 전분을 쟁반에 뿌리고 그 위에 경단을 굴려서 180℃ 정도로 예열한 튀김용 식용유에 바삭하게 튀겨낸다.

6 각색의 파프리카는 한입 크기의 삼각형으로 썬다. 팽이버섯은 2등분한다.

7 사과는 강판에 갈아서 체에 거른 다음 전분을 풀어 놓는다.

8 냄비에 채수, 송표간장, 매실청을 넣고 끓이다가, 끓기 시작하면 손질한 파프리카와 팽이버섯을 넣는다. 한소끔 끓이다가 전분을 푼 사과를 넣고 마지막에 참기름을 넣어 소스를 완성한다.

★ 채수 만들기는 29쪽을 참조하세요.

9 그릇에 튀긴 경단을 담고 소스를 얹어 낸다.

연근을 갈아 즙을 내려 묵을 만들었습니다. 설탕이나 조청을
따로 넣지 않아도 연근에서 배어나온 달짝지근한 맛과 쫄깃한
식감이 일품입니다.

연근묵

재료

☐ 연근 1개
☐ 한천가루 1큰술
☐ 소금 약간

만드는 법

1 믹서에 연근과 물 3컵을 넣고 간 후 베보자기에 걸러 연근즙을 내린다.

2 한천가루는 미지근한 물 ½컵에 20분 정도 불려놓는다.

3 냄비에 연근즙을 넣고 중간 불에서 끓이다가 끓기 시작하면 약한 불로 줄인다.

4 불린 한천가루를 끓인 연근즙에 천천히 넣고 저어주면서 한소끔 더 끓인다.

5 ❹에 소금을 넣고 불을 끈 다음 용기에 담아 식히면서 굳힌다.

10
월
의

절
집

밥
상

뿌리채소밥
토란탕
은행소스샐러드
우엉전
오색버섯강정
표고별이선
마그라탱
우엉잡채
우엉찹쌀전병
도라지정과

뿌리채소밥

마는 영양소도 풍부하고 소화도 잘되는 뿌리채소입니다.
마에 햇밤, 대추, 은행, 잣이 어우러져 영양도 맛도
배가되었습니다.

재료

- □ 불린 쌀 3컵
- □ 마 100g
- □ 은행 10알
- □ 대추 4~5개
- □ 밤 3알
- □ 잣 2큰술
- □ 소금 약간
- □ 식용유 약간

양념장

- □ 집간장 1큰술
- □ 채수 1큰술
- □ 다진 청 · 홍고추 1큰술씩
- □ 참기름 1큰술

만드는 법

1 마는 껍질을 벗기고 깍둑 썬다.

2 은행은 식용유를 살짝 두른 팬에 구운 후 키친타월
   위에 굴리며 껍질을 벗긴다. 대추는 씨를 빼내고
   돌돌 말아 썬다.

3 밤은 껍질을 까고 마와 비슷한 크기로 썰어놓는다.

4 솥에 불린 쌀을 넣고 밥물을 맞춰서 센 불에 올린다.
   밥이 끓기 시작하면 준비한 마, 은행, 대추, 밤, 잣과
   소금을 넣고 중간 불로 줄여서 10분간 더 끓인 후,
   약한 불로 줄여서 10분 정도 뜸을 들인다.

5 양념장 재료를 섞어서 양념장을 만든다.

   ★ 채수 만들기는 29쪽을 참조하세요.

6 뿌리채소밥과 양념장을 곁들여 낸다.

토란탕

한가위 절식이자 궁중 음식인 토란탕은 가을을
대표하는 음식 중 하나입니다. 들깨가루를 넣어 고소한
맛이 한층 깊어졌습니다.

재료

- ☐ 토란 6~8알
- ☐ 말린 표고버섯 5개
- ☐ 다시마 10g
- ☐ 집간장 2큰술
- ☐ 들기름 1큰술
- ☐ 들깨가루 2큰술
- ☐ 쌀가루 1큰술
- ☐ 소금 약간

만드는 법

1 물 5컵과 말린 표고버섯, 다시마를 7분간 끓여
   채수를 만든다. 말린 표고버섯과 다시마는
   건져내고 채수에 집간장을 넣어 맛국물을
   만든다(이때 채수는 2큰술 정도 따로 덜어놓는다).

2 토란은 껍질을 벗겨 소금물에 잠시 담근 후 적당한
   크기로 썬다.

3 냄비에 채수 2큰술(❶에서 덜어놓은)과 토란,
   들기름을 넣고 볶다가 맛국물을 넣고 끓인다.

4 들깨가루와 쌀가루에 맛국물을 1~2큰술 정도
   넣어 풀어뒀다가 국물이 끓으면 넣고 한소끔 더
   끓여낸다.

폐를 튼튼하게 하고 기침을 가라앉게 하는 은행을 두부,
배, 매실청 등과 함께 갈아 고소하면서도 새콤한 샐러드
소스로 만들었습니다. 일교차가 큰 환절기에 먹으면 특히
좋은 샐러드예요.

은행소스샐러드

만드는 법

1 상추는 씻어서 물기를 뺀 후 적당한 크기로 찢는다.

2 당근, 적채, 셀러리는 5*cm* 길이로 곱게 채 썬다.

3 어린잎채소는 씻어서 물기를 뺀다.

4 은행은 식용유를 살짝 두른 팬에 볶으면서 껍질을 깐다.

5 두부는 끓는 물에 데쳐 물기를 뺀 후, 은행과 나머지 소스 재료와 함께 믹서에 넣고
  갈아 소스를 완성한다.

6 그릇에 손질한 채소들을 담고 소스를 곁들여 낸다.

재료

□ 상추 5장 　　□ 셀러리 50g
□ 당근 20g 　　□ 어린잎채소 40g
□ 적채 50g 　　□ 식용유 약간

소스

□ 은행 50알 　　□ 매실청 1큰술
□ 두부 $\frac{1}{6}$개 　　□ 식초 1작은술
□ 배 $\frac{1}{6}$개 　　□ 소금 약간
□ 올리브유 1큰술

절집 밥상
더하기

은행은 식용유를 살짝 두른 팬에
굴리면서 볶으면 껍질이 잘
벗겨집니다. 껍질이 남아 있는 은행은
키친타월 위에 올려서 비비듯이
굴리면 껍질을 완벽하게 제거할 수
있습니다.

섬유질이 풍부한 우엉으로 만든 전입니다. 우엉을 쪄서
양념장을 바른 다음 반죽옷을 입혀 부쳤습니다. 우엉에 고루
밴 고춧가루 양념이 색다른 맛을 더합니다.

우엉전

재료

- □ 우엉 2~3대
- □ 부침유 2큰술(식용유 1큰술 + 들기름 1큰술)

반죽옷

- □ 밀가루 $\frac{1}{2}$컵
- □ 물 $\frac{1}{2}$컵
- □ 집간장 1작은술

양념장

- □ 고춧가루 $\frac{1}{2}$큰술
- □ 집간장 1$\frac{1}{2}$큰술
- □ 참기름 1큰술
- □ 참깨가루 1큰술

만드는 법

1 우엉은 칼로 껍질을 살살 긁어낸 후 15㎝ 길이로 잘라 칼집을 내서 찜기에 30분간 쪄낸다.

2 찐 우엉을 반으로 갈라 방망이로 밀고 두드려 편다.

3 양념장 재료를 한데 섞어 양념장을 만든다.

4 밀가루를 체에 내려 물과 집간장을 넣고 섞어 반죽옷을 만든다.

5 편 우엉에 양념장을 골고루 바른다.

6 달군 팬에 ❺를 펴놓고, ❹의 반죽옷을 수저로 조금씩 펴 바른다.

7 부침유를 두르고 노릇노릇하게 지져낸다.

절집 밥상 더하기

● 찐 우엉은 반으로 갈라 방망이로 몇 번 밀어준 후 표면이 평평해지도록 잘 두드려주세요. 식이섬유가 많아 질길 수 있는 우엉이 좀 더 부드러워질 뿐만 아니라 전을 부치기에도 더 좋아요.

● 불 위에 우엉을 올려놓고 우엉 사이사이에 난 빈 공간을 메우듯이 반죽옷을 펴 바르면 어렵지 않게 모양을 만들 수 있습니다.

갖가지 버섯을 튀겨 짭조름한 양념을 묻힌 강정입니다.
버섯을 잘 먹지 않는 아이들도 잘 먹는 반찬이지요. 출출한
오후, 간식으로 먹기에도 좋습니다.

오색
버섯강정

재료

☐ 표고버섯 2~3개
☐ 느타리버섯 4개
☐ 팽이버섯 ½봉
☐ 목이버섯 3개
☐ 석이버섯 3g
☐ 청 · 홍피망 ¼개씩
☐ 당근 20g
☐ 브로콜리 2송이
☐ 통깨 약간
☐ 전분 3큰술 (덧가루용)
☐ 튀김용 식용유 적당량

튀김옷

☐ 밀가루 ½컵
☐ 전분 2큰술
☐ 소금 약간
☐ 물 ½컵

양념장

☐ 집간장 1큰술
☐ 조청 2큰술
☐ 매실청 2큰술
☐ 식초 1큰술

만드는 법

1 표고버섯은 젖은 행주로 갓의 주름진 부분까지 잘 닦은 다음, 기둥은 떼어내고 갓은 한입 크기로 썬다.

2 느타리버섯은 씻어서 물기를 뺀 후, 아래쪽부터 갈라서 갓 부분까지 펴 한입 크기로 썬다.

3 팽이버섯은 씻어서 밑동을 자르고 물기를 빼서 한입 크기로 썬다.

4 목이버섯은 미지근한 물에 불려 불순물을 제거한 후, 물기를 빼고 한입 크기로 썬다.

5 석이버섯은 끓는 물에 데쳐 손질한 다음, 한입 크기로 썬다.

6 청 · 홍피망과 당근도 한입 크기로 썬다. 브로콜리는 끓는 물에 데친 후 한입 크기로 썬다.

7 밀가루와 전분을 섞어 체에 내리고 소금과 물을 넣어 튀김옷을 만든다.

8 손질한 버섯들을 전분(덧가루용)에 굴린 후 튀김옷을 입혀 180℃ 정도로 예열한 튀김용 식용유에 넣어 튀겨낸다. 두 번 튀긴다.

9 팬에 양념장 재료를 모두 넣고 끓이다가 ❻을 넣어 살짝 익힌 후 불을 끈다. 튀긴 버섯을 양념장에 버무리고 통깨를 뿌려서 낸다.

표고별이선

표고버섯에 예쁘게 별 모양을
내어 양념장에 조렸습니다.
입안 가득 퍼지는 진한
표고버섯 즙과 달짝지근한
양념이 잘 어우러지는 맛깔나는
반찬입니다.

재료

☐ 표고버섯 10개

양념장

☐ 집간장 1큰술
☐ 송표간장 1큰술
☐ 조청 2큰술
☐ 쌀가루 2큰술
☐ 물 1컵

만드는 법

1 젖은 행주로 표고버섯에 묻은 먼지와 이물질을 털어낸다.

★ 표고버섯은 스펀지처럼 물을 많이 흡수합니다. 물을 흡수하면 조리하기 힘들기 때문에 대개
젖은 행주로 닦아 먼지와 이물질을 털어내지요. 하지만 젖은 행주만으로 닦는 것이 찜찜하다면
흐르는 물에 버섯 머리만 닦고 물기를 꽉 짜내세요.

2 표고버섯 갓 상단에 칼로 살짝 도려내듯이 별 모양을 낸다.

3 양념장 재료를 모두 섞어서 냄비에 넣고 센 불에서 끓인다. 한소끔 끓어오르면
중간 불로 줄여서 표고버섯을 넣고 국물이 걸쭉해질 때까지 조린다.

4 양념장이 걸쭉해지면 표고버섯을 건져서 접시에 담는다.

마그라탱

양념한 채소에 갈아놓은 마를 얹어 찐 요리입니다. 주욱 늘어나는 치즈는 없지만, 겉모습도 비슷하고 치즈를 얹은 것보다 더욱 고소해서 그라탱이라고 이름 붙여보았습니다.

재료

- □ 마 150g
- □ 토란 10알
- □ 말린 표고버섯 3개
- □ 삼색 파프리카 20g씩
- □ 팽이버섯 ⅓봉
- □ 밤 5알
- □ 집간장 · 참기름 · 소금 · 참깨가루 약간씩

만드는 법

1 토란은 껍질째 김이 오른 찜솥에 5분 정도 쪄낸 후 뜨거울 때 껍질을 벗긴다.

   ★ 토란이 잘 쪄졌는지 알고 싶다면 젓가락으로 토란을 꾹 눌러보세요. 젓가락이 쑤욱 들어가면 다 익은 겁니다.

2 말린 표고버섯은 미지근한 물에 20분 정도 불려 잘게 다진 후 집간장과 참기름으로 밑간해서 볶는다.

3 파프리카, 팽이버섯, 밤은 손질해서 잘게 다진다.

4 마는 강판에 갈아 소금으로 간한다.

5 껍질을 벗긴 토란을 절구에 으깬 후 ❷와 ❸, 참기름, 소금, 참깨가루를 넣고 섞는다.

6 그릇에 ❺를 담고 그 위에 마를 덮어 김이 오른 찜솥에 5분 정도 쪄낸다.

우엉 하나로 맛을 낸 잡채입니다. 만들기도 간편하고
맛있어 밥반찬으로 매우 인기가 좋습니다. 우엉을 잘 먹지
않는 아이들도 좋아합니다.

우엉잡채

재료

- □ 우엉 2대
- □ 당면 100g
- □ 청고추 2개
- □ 홍고추 1개
- □ 말린 표고버섯 20g
- □ 다시마 10g
- □ 집간장 1큰술
- □ 참기름 2½큰술
- □ 송표간장 1큰술
- □ 황설탕 1큰술
- □ 참깨 1작은술
- □ 후춧가루 약간

양념장

- □ 집간장 1큰술
- □ 조청 2큰술

만드는 법

1 물 2컵과 말린 표고버섯, 다시마를 넣고 5분간 끓여 채수를 만든다.

2 채수 1컵에 집간장과 조청을 넣어 양념장을 만든다.

3 우엉은 칼로 껍질을 살살 긁어서 벗겨내고, 얇게 베어낸 후 가늘게 채 썬다.

4 청 · 홍고추는 각각 채 썬 후 팬에 살짝 닦는다.

5 채수에서 건진 표고버섯은 물기를 빼고 곱게 채 썰어 집간장과 참기름 1큰술을 넣고 간해서 볶는다.

6 팬에 참기름 1큰술과 채수 3큰술, 만들어놓은 양념장 ½컵을 넣고 우엉이 익을 때까지 충분히 볶다가 남은 채수를 넣고 조린다(이때 채수 3큰술은 따로 남겨둔다).

7 당면은 반투명해질 때까지 끓는 물에 넣고 삶다가 찬물에 헹군 후 채반에 밭쳐 물기를 뺀다. 팬에 양념장 2큰술, 채수 3큰술, 송표간장 1큰술, 참기름 ½큰술을 넣고 당면에 간장 색이 밸 때까지 충분히 볶는다.

8 **7**에 **4**, **5**, **6**과 황설탕, 참깨, 후춧가루를 넣고 버무린다.

절집 밥상 더하기

우엉을 당면처럼 얇게 손질하고 싶다면 감자칼을 사용해보세요. 우선 감자칼로 우엉을 얇게 베어낸 후 접어서 곱게 채 썰면 됩니다.

우엉은 혈당을 안정시키고 필요한 영양분을 공급하는 효과가 뛰어나
한방에서 약재로 사용합니다. 우엉을 갈아 전병을 만들어 보세요. 몸에 좋은
우엉을 색다르게 즐길 수 있습니다.

우엉찹쌀전병

재료

- □ 우엉 1개
- □ 찹쌀가루 1컵
- □ 부침유 2큰술
  (식용유 1큰술 +
  들기름 1큰술)
- □ 볶은 소금 약간
- □ 꿀 2큰술(또는 조청)
- □ 대추 · 잣 · 호박씨
  약간씩

만드는 법

1 우엉은 껍질을 벗겨서 강판에 간다.

2 간 우엉을 20~30분간 놔두면 녹말과 즙액이 분리되는데, 바닥에 가라앉는 녹말만 찹쌀가루, 볶은 소금과 섞어 반죽을 만든다.

3 반죽을 경단처럼 동글게 만들어 납작하게 누른다.

4 부침유를 두른 팬에 반죽을 노릇노릇하게 부친다.

5 막 부쳐낸 우엉찹쌀전병에 꿀을 바르고 대추, 잣, 호박씨를 고명으로 올린다.

절집 밥상
더하기

우엉의 영양분을 최대한 섭취하고 싶다면 우엉 껍질을 칼등을 이용해서 벗겨보세요. 감자칼이나 칼로 껍질을 다 벗겨내는 것보다 영양분 손실이 훨씬 적은 손질법이랍니다. 마찬가지로 우엉즙을 낼 때도 강판을 사용하세요.

도라지를 조청에 조려 달콤쌉쌀한 맛이 일품인
정과를 만들었습니다. 환절기 감기, 특히 기침을 멎게
하는 데 효과가 좋은 별식입니다.

도라지정과

재료

□ 도라지 10뿌리   □ 황설탕 2큰술
□ 조청 2컵   □ 소금 약간

만드는 법

1 소금을 넣은 끓는 물에 도라지를 넣고 3~4분 정도 데친 후 남은 물을 버린다.

2 데친 도라지에 조청을 넣고 센 불에서 끓이다 끓어오르면 약한 불로 줄여서 10분 정도 더 조린다.

3 물 ½컵을 더 붓고 센 불에서 1분 정도 끓이다 약한 불로 줄여서 5분 정도 조린다.

4 물 1컵을 더 붓고 센 불에서 2분 정도 끓이다 약한 불로 줄여서 10분 정도 조린다.

   ★ 도라지를 조릴 때는 계속 물을 부어가면서 조려야 합니다. 안 그러면 그냥 타버려요.

5 조청에 조린 도라지를 꺼내어 채반에 올려 식힌다. 식으면 설탕을 뿌려서 말린다.

11월의 절집 밥상

곤드레밥

직각깍두기

은행전골

깻잎땅콩초밥

능이국수

밤조림

다시마부각

복령콩죽

봉수탕

밤묵

곤드레밥

섬유질이 풍부한 곤드레나물은 맛이 담백하고 부드러워
밥을 지어 먹으면 입안에서 살살 녹는 듯합니다.
양념장을 곁들이면 별 다른 반찬 없이도 금방 한 그릇을
비울 수 있을 정도랍니다.

재료

- □ 쌀 2컵
- □ 말린 곤드레나물 80g
- □ 집간장 · 참기름 약간씩

양념장

- □ 말린 표고버섯 2개
- □ 청고추 ½개
- □ 홍고추 ½개
- □ 집간장 2큰술
- □ 참기름 적당량
- □ 채수 1큰술
- □ 깨 1작은술
- □ 조청 1작은술

만드는 법

1 말린 곤드레나물은 중간 불에 올려 끓는 물에서
20분 정도 삶아낸 후, 삶은 물에 그대로 담가 반나절
정도 불린다.

2 쌀은 씻어서 30분 정도 불린다.

3 불린 곤드레나물은 물기를 빼고 집간장과
참기름으로 밑간해서 볶는다.

4 냄비에 불린 쌀을 넣고 ❸을 올린 후 밥물을
맞춰 밥을 짓는다. 센 불에 올렸다가 끓어오르면
주걱으로 휘휘 섞고 중간 불로 줄여서 10분간 더
끓인 후 약한 불로 줄여서 10분간 뜸을 들인다.

5 말린 표고버섯은 미지근한 물에 20분간 불려서
물기를 뺀 후, 잘게 다져서 집간장과 참기름으로
밑간해서 볶는다.

6 청 · 홍고추는 잘게 다진 후 키친타월에 넣고 짜서
수분을 정리한다.

7 표고버섯과 청 · 홍고추를 나머지 양념장 재료와
섞어 양념장을 완성한다.

★ 채수 만들기는 29쪽을 참조하세요.

8 밥과 함께 양념장을 곁들여 낸다.

직각깍두기

시원하고 단맛 나는 속이 꽉 찬 가을무로 깍두기를
담가보세요. 비타민과 무기질이 가득 든 청각을 넣어
시원함을 더하였습니다.

재료

☐ 무 1개
☐ 청각 20g

양념

☐ 말린 고추 5개 ☐ 고춧가루 $\frac{1}{2}$컵
☐ 배 $\frac{1}{4}$개 ☐ 설탕 1큰술
☐ 생강 1쪽 ☐ 통깨 $\frac{1}{2}$큰술
☐ 굵은소금 $\frac{1}{2}$컵

찹쌀풀

☐ 찹쌀가루 $\frac{1}{2}$큰술
☐ 물 $\frac{1}{2}$컵

만드는 법

1 무는 껍질을 벗기고 1.5×4cm 크기의 직육면체로
  썰어둔다. 큰 그릇에 무를 담고 굵은소금을 뿌려
  버무린 뒤 30분 정도 절인다.

2 절인 무를 물에 헹군 후 채반에 올려 물기를 뺀다.

3 냄비에 물을 붓고 찹쌀가루를 푼 뒤 중약 불에서
  30분 정도 저어가며 찹쌀풀을 쑨 후 식힌다.

4 청각은 물에 비비면서 깨끗이 씻어 물기를 짠 뒤
  다진다.

5 말린 고추는 물에 불렸다가 배, 생강과 함께 믹서에
  넣고 간다.

6 ❺에 찹쌀풀, 고춧가루, 설탕, 통깨를 섞어 양념을
  만든다.

7 큰 그릇에 절인 무와 다진 청각, 양념을 넣고 함께
  버무린다.

혈액순환과 기력 회복에 좋은 은행을 버섯,
애호박, 당근 등과 함께 끓인 전골입니다.
연잎의 은은한 향이 더해져 고소한 은행의
맛이 더욱 깊어졌습니다.

은행전골

재료

- □ 연잎 ½장
- □ 은행 1컵
- □ 표고버섯 2개
- □ 팽이버섯 30g
- □ 애호박 60g
- □ 당근 30g
- □ 청고추 2개
- □ 홍고추 1개
- □ 말린 표고버섯 7개
- □ 다시마 30g
- □ 들깨가루 2큰술
- □ 집간장 1큰술
- □ 식용유 약간

양념장

- □ 고추장 1큰술
- □ 된장 1작은술
- □ 고춧가루 1작은술

만드는 법

1 식용유를 살짝 두른 팬에 은행을 넣고 굴리듯이 구운 후 키친타월 위에 놓고 비비듯이 껍질을 깐다.

2 표고버섯은 편 썰고 팽이버섯은 먹기 좋은 크기로 찢는다.

3 애호박과 당근도 먹기 좋은 크기로 썬다.

4 청·홍고추는 씨를 제거하고 먹기 좋은 크기로 썬다.

5 고추장, 된장, 고춧가루를 섞어 양념장을 만든다.

6 물 6컵과 말린 표고버섯, 다시마를 넣고 7분간 끓여 채수를 만든다.

7 들깨가루는 채수 2큰술을 넣어 풀어둔다.

8 전골냄비에 연잎을 깔고 그 위에 손질한 버섯과 채소를 둘러 담고 가운데에 은행을 올린다. 채수 3컵에 집간장 1큰술을 넣어 맛국물을 만들어 붓는다. 양념장을 은행 위에 올린다.

9 한소끔 끓어오르면 풀어둔 들깨가루를 넣고 한 번 더 끓인다.

곱게 간 땅콩 소스를 바르고 깻잎을 얹어 만든
초밥입니다. 비타민 E가 함유된 땅콩의 고소한 맛과
무기질이 풍부한 깻잎의 쌉쌀한 향이 어우러져
맛은 물론 피부에도 좋습니다.

깻잎땅콩초밥

재료

□ 발아현미 2컵
□ 깻잎 2장
□ 단촛물 2큰술

소스

□ 땅콩 1컵
□ 채수 $\frac{1}{4}$컵
□ 소금 $\frac{1}{2}$작은술

만드는 법

1 10분 동안 물에 불린 땅콩을 끓는 물에 10분간 삶은 다음 껍질을 깐다.

2 발아현미는 물에 2시간 이상 불렸다가 고슬하게 밥을 짓는다.

★ 발아현미는 물에 최소 2시간 이상 불려야 맛있어요. 센 불에 올렸다가 한소끔 끓어오르면 중간 불로 줄여서 10분, 또 약한 불로 줄여서 10분간 뜸 들이면 고슬한 현미밥을 지을 수 있어요.

3 땅콩과 채수, 소금을 믹서에 넣고 갈아 걸쭉하게 소스를 만든다.

★ 채수 만들기는 29쪽을 참조하세요.

4 깻잎은 씻어서 물기를 빼고 가늘게 채 썬다.

5 밥에 단촛물을 넣고 잘 섞어 초밥을 만든다.

★ 단촛물은 설탕 4큰술, 식초 4큰술, 소금 1큰술을 약한 불에서 저어가면서 녹인 후 식혀서 사용하세요.

6 초밥을 케이크 빵처럼 접시에 깔고 ❸의 소스를 바른다. 그 위에 준비한 깻잎을 올린다.

7 적당한 크기로 잘라서 먹는다.

절집 밥상 더하기

생땅콩은 볶은 땅콩에 비해 잘 갈리지 않아요. 이때는 땅콩과 함께 채수를 믹서에 넣어서 가세요.

능이버섯 향과 담백한 국물이 마음속까지 따뜻하게
해주는 국수입니다. 쌀쌀한 날, 능이국수 한 그릇으로
움츠러든 몸과 마음을 달래보세요.

능이국수

재료

☐ 능이버섯 3~4개
☐ 소면 320g
☐ 밤 4알
☐ 애호박 8g
☐ 다시마 20g
☐ 집간장 2큰술

만드는 법

1 능이버섯은 세로로 갈라서 갓 아래에 이물질이 없는지 살피면서 솔로 살살 손질한 후 흐르는 물에 씻는다. 물 6컵과 씻은 능이버섯, 다시마를 넣고 7분간 끓여 채수를 만든다.

2 채수에서 다시마는 건져내고, 능이버섯은 건져서 세로로 길게 찢어둔다. 채수에 집간장을 넣고 한 김 끓여 국수 국물을 만들고 찢어둔 능이버섯을 넣는다.

3 밤은 껍질을 까서 가늘고 곱게 채 썬다.

4 애호박은 굵게 채 썬다.

5 끓는 물에 소면을 넣고 삶는다. 면이 끓어 넘치려고 할 때 찬물을 $\frac{1}{2}$컵씩 두 번 붓는다.

   ★ 면을 삶을 때 찬물을 두 번 정도 부어서 다시 끓이면 면이 골고루 잘 익고 더 쫄깃해져요.

6 한소끔 끓어오르면 면을 건져 찬물에 헹군 후 물기를 빼고 그릇에 담는다. 채 썬 밤을 올린다.

7 ❷를 센 불에 올려서 끓으면 애호박을 넣고 조금 더 끓이다가 ❻에 붓는다.

밤조림

통통한 알밤을 조금 색다르게
즐겨보고 싶다면 양념장에
조려보세요. 달콤하면서도
짭조름한 밤조림은 남녀노소
누구나 좋아하는 간식입니다.

재료

□ 밤 20알
□ 참기름 약간
□ 참깨 약간

양념장

□ 채수 1컵
□ 송표간장 ⅓컵
□ 조청 ⅓컵

만드는 법

1   밤은 껍질을 까서 준비한다.

2   채수에 간장과 조청을 섞어서 양념장을 만든다.

    ★ 채수 만들기는 29쪽을 참조하세요.

3   밤과 양념장을 냄비에 넣고 중간 불에서 조리다가 양념장이 졸아들면 약한 불로
    줄여서 윤기가 날 때까지 조린다.

4   마지막에 참기름을 두르고 참깨를 뿌려서 낸다.

다시마부각

만들기도 간단하고 맛도 좋은
밥반찬입니다. 아삭아삭하고
달아서 아이들도 좋아하지요.
칼슘과 섬유소가 가득 들어
뼈를 튼튼하게 하고 신진대사를
원활하게 해주는 건강 반찬입니다.

재료

- ☐ 다시마 100g
- ☐ 찹쌀 ½컵
- ☐ 소금 약간
- ☐ 튀김용 식용유 적당량
- ☐ 잣가루 약간
- ☐ 황설탕 약간

만드는 법

1 다시마는 젖은 행주로 깨끗이 닦은 다음 5×5cm 크기로 잘라둔다.

   ★ 부각을 만들 다시마는 얇은 것이 좋아요. 그래야 말리기도 쉽고 완성했을 때 적당히
   두꺼워집니다.

2 찹쌀은 씻어서 물에 반나절 정도 불린 후 물기를 빼고 김이 오른 찜솥에
   소금과 함께 넣고 30분 정도 찐다.

3 다시마에 찐 찹쌀을 3~4알씩 군데군데 붙여 말린다.

4 다시마에 붙여놓은 밥알이 바삭하게 마르면, 180℃ 정도의 튀김용 식용유에
   밥알이 붙은 쪽부터 빨리 튀겨낸다.

5 튀겨낸 다시마에 잣가루와 황설탕을 골고루 뿌려 접시에 담아서 낸다.

복령은 땅속 소나무 뿌리에서 자라는 균류 식물입니다.
혹처럼 생겨 솔뿌리혹버섯이라고도 불리지요.
장을 튼튼하게 하고, 기관지염 치료 등에 효과가 있어
한방 재료로 쓰입니다. 복령가루를 넣은 콩죽은 감기 환자
회복식으로도 좋습니다.

복령콩죽

재료

☐ 복령가루 2큰술
☐ 쌀가루 1컵
☐ 말린 콩 $\frac{1}{4}$컵(대두)
☐ 볶은 소금 약간

만드는 법

1 복령가루와 쌀가루를 섞어 체에 내린다.

2 말린 콩은 하루 전날부터 미리 불려놓는다.

3 ❶과 물 6컵을 섞어 잘 푼 다음, 불린 콩을 넣고 센 불에 올린다.

4 죽이 끓어오르면 약한 불로 줄여서 30분 정도 더 끓인다.

5 소금으로 간을 해서 낸다.

절집 밥상
더하기

콩을 삶을 때 센 불에 올렸다가 물이 끓어오르면 바로 불을
끄고 저어주세요. 거품이 가라앉으니 중간에 젓지 마세요.

면역력을 높여주는 견과류가 가득 들어간
봉수탕! 기력을 보충해주는 꿀까지 들어 있어
몸이 아프거나 시험을 앞두고 있는 수험생의
기력 보충 음료로 좋습니다.

봉수탕

재료

- ☐ 호두 1컵
- ☐ 잣 1컵
- ☐ 꿀 1컵

만드는 법

1 호두는 끓는 물에 30분간 불려서 속껍질을 벗기고 어느 정도 덩어리가 씹힐 수 있게 칼로 굵게 다진다.

2 잣은 절구에 빻는다.

3 다진 호두와 빻은 잣을 섞고 꿀을 넣어 버무린다.

4 필요할 때 뜨거운 물에 2큰술씩 타서 먹는다.

★ 꿀에 버무린 호두와 잣은 냉장고에 2주 정도 보관할 수 있습니다. 유지 성분이 많아 2주 안에 먹는 것이 좋습니다.

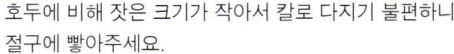

절집 밥상 더하기

호두에 비해 잣은 크기가 작아서 칼로 다지기 불편하니 절구에 빻아주세요.

밤을 갈아 만든 밤묵은 위장 기능을 강화하고 설사 등
배앓이를 낫게 하는 데 효과가 있습니다. 소화가 잘돼
늦가을 야식으로 먹어도 좋습니다.

밤묵

재료

□ 밤 20알 □ 물 4½컵
□ 한천가루 1큰술 □ 홍화꽃잎 약간

만드는 법

1 밤은 껍질을 까서 물 4컵과 함께 믹서에 곱게 간 후, 베보자기로 건더기를 걸러 밤즙을 받는다.

2 한천가루는 20~30분 전에 미리 물 ½컵에 불려놓는다.

3 밤즙을 냄비에 넣고 약한 불에서 졸인다.

4 밤즙이 끓기 시작하면 한천가루를 넣어 중약 불에서 30분 정도 끓이다가 되직해지면 불을 끄고 식힌다.

5 밥묵이 완전히 굳기 전에 홍화꽃잎을 수놓듯이 올린다.

절집 밥상 더하기

베보자기가 없다면 거름망을 이용해도 좋습니다. 거름망에 믹서로 간 밤을 넣고 손으로 꾹꾹 눌러가며 밤즙을 받으세요. 밤즙이 거의 다 받아지면 거름망을 손으로 살살 치면서 정돈해주면 됩니다.

가을 茶

뜨거운 가을볕이 잦아들고 시원한 바람이
불어오더니 어느새 서리가 내립니다.
일교차가 큰 가을에는 면역력을 높이고
피로회복을 도와줄 연근차와 현미차, 몸을
따뜻하게 해주는 보리순차를 마셔보세요.

연근차

재료 | 연근 1대

1 연근은 껍질을 벗겨서 씻어낸 후 얇게 슬라이스 해서 물기를 제거한 후 바람이 잘 통하고 그늘진 곳에서 일주일 정도 말린다.

★ 연근을 건조기나 오븐에 넣고 5~6시간 정도 말려도 됩니다.

2 무쇠솥이나 바닥이 두꺼운 스테인리스 냄비 혹은 팬(음식을 한 번도 하지 않은 새것)에 연근을 넣고 중간 불에서 타지 않게 덖는다.

3 한 컵에 연근 4~5쪽을 넣고 90℃ 정도의 물을 부어서 5분가량 우려서 마신다.

현미차

재료 | 현미 1 _kg_

1 현미는 잘 씻어서 체에 밭쳐 물기를 뺀다.

2 무쇠솥이나 바닥이 두꺼운 스테인리스 냄비 혹은 팬(음식을 한 번도 하지 않은 새것)에 현미를 넣고 센 불에서 진한 갈색빛이 올라올 때까지 덖는다.

3 한 컵에 현미 1큰술을 넣고 90℃의 물을 부어서 10분가량 우려서 마신다.

보리순차

재료 | 보리순 1 _kg_

1 보리순은 깨끗이 씻어서 채반에 담아 물기를 뺀 후 2~3cm 길이로 썬다.

2 무쇠솥이나 바닥이 두꺼운 스테인리스 냄비 혹은 팬(음식을 한 번도 하지 않은 새것)에 보리순을 넣고 센 불에서 타지 않게 덖는다.

3 완전히 식혔다가 센 불에서 다시 덖기를 5회 반복한다.

4 완전히 식혔다가 중간 불에서 4회 더 덖는다.

5 한 컵에 보리순 1작은술을 넣고 90℃의 물을 부어서 1분가량 우려서 마신다.

겨울

눈이 내리고 밤이
깊어질수록 절집 밥상에는
온기가 더해집니다.

12
월
의

절
집

밥
상

무밥

배추콩가루국

무얼큰조림

건채장아찌

동무김치

검은콩장

채소두부

통배백김치

오감만족탑

두부오방찜

배죽

현미에 달고 시원한 무를 넣어 밥을
안쳤습니다. 무의 아삭아삭한 식감이 살아
있도록 밥을 짓는 것이 중요합니다.

무밥

재료

□ 발아현미 2컵
□ 무 200g
□ 생김 2장

양념장

□ 밤 2알
□ 표고버섯 1개
□ 집간장 1큰술
□ 검은깨 1작은술

만드는 법

1 발아현미는 살살 씻어서 2시간 정도 불려놓는다.

2 무는 세로결대로 채 썬다.

3 발아현미에 밥물을 맞춰 센 불에 안친다.

4 밥이 끓기 시작하면 약한 불로 줄여서 무채를 넣는다. 무의 아삭아삭한 식감이 살아 있도록 10~15분 정도 살짝 익힌다.

5 밤과 표고버섯은 잘게 다져서 마른 팬에 덖은 후 집간장과 검은깨를 넣고 잘 섞어서 양념장을 만든다.

6 밥이 완성되면 그릇에 담고 생김을 잘라 양념장과 함께 낸다.

절집 밥상 더하기

무는 세로로 자라기 때문에 세로결대로 써는 것이 좋습니다.
무를 세워서 봤을 때 위에서 아래, 즉 종단면을 따라 썰면 됩니다.

찬바람이 불기 시작하면 생각나는 대표적인 겨울철 국입니다.
깨끗하면서도 고소한 맛이 일품입니다.

배추콩가루국

재료

- 배춧잎 3~4장
- 콩가루 $\frac{1}{2}$컵
- 말린 표고버섯 4개
- 다시마 20g
- 집간장 적당량
- 소금 약간
- 참기름 약간

만드는 법

1 물 5컵과 말린 표고버섯, 다시마를 넣고 7분간 끓여 채수를 만든다. 표고버섯과 다시마를 건져내고 집간장 2큰술을 넣어 맛국물을 만든다.

2 배춧잎은 적당한 크기로 썰어 소금을 넣은 끓는 물에 살짝 데친다.

3 냄비에 맛국물을 넣고 끓어오르면 데친 배춧잎에 콩가루를 묻혀 넣는다.

★ 꼭 손에 남은 물기를 제거하고 배춧잎에 콩가루를 묻히세요.

4 채수에서 건진 표고버섯과 다시마는 곱게 채 썰어 참기름과 집간장으로 밑간해서 살짝 볶아 고명으로 올린다.

절집 밥상
더하기

배춧잎에 콩가루를 묻힐 때는
넓은 볼보다 좁은 볼을 이용해야
배춧잎에 콩가루를 더 골고루 묻힐
수 있답니다.

무와 두부, 표고버섯을 얼큰한 양념장에
조렸습니다. 푹 익은 무를 듬성 잘라 밥에 얹어
먹으면 밥도둑이 따로 없답니다.

무얼큰조림

재료

□ 무 ½개
□ 두부 1모
□ 말린 표고버섯 4개

□ 다시마 10g
□ 소금 · 집간장 ·
   참기름 약간씩

양념장

□ 청고추 1개
□ 홍고추 ½개
□ 고추장 1큰술
□ 고춧가루 1큰술

□ 집간장 1큰술
□ 조청 1큰술
□ 참기름 1큰술
□ 깨 1작은술

만드는 법

1 물 3컵과 말린 표고버섯, 다시마를 넣고 5분간 끓여 채수를 만든다.

2 무는 가로 7cm, 세로 5cm, 두께 1.5cm 정도의 크기로 썬다.

3 두부도 무와 비슷한 크기로 썰어 소금을 뿌린다.

4 채수에서 건져낸 표고버섯은 어슷하게 썰어 집간장과 참기름으로 밑간해서 볶는다.

5 청 · 홍고추는 잘게 다진다.

6 양념장 재료와 청 · 홍고추, 채수 2컵을 한데 섞어 양념장을 만든다.

7 냄비에 무, 두부, 표고버섯을 번갈아 놓고 사이사이에 양념장을 뿌린다.

8 무가 푹 익도록 중간 불에서 10~15분 정도 조린다.

단백질, 칼슘, 비타민 A가 풍부한 곤드레나물로 장아찌를
담갔습니다. 곤드레나물 특유의 부드러운 식감과 담백한 맛, 강한
향기를 고스란히 즐길 수 있는 별미 반찬입니다.

건채장아찌

재료

☐ 말린 곤드레나물 100g
☐ 말린 표고버섯 4개
☐ 다시마 10g

양념장

☐ 집간장 1컵
☐ 조청 ½컵

만드는 법

1 말린 곤드레나물은 물에 살살 흔들어 씻은 다음 바로 채반에 건져 물기를 뺀다.

   ★ 곤드레나물 외에도 취나물, 다래순나물, 오가피나물 등 말린 나물은 모두 장아찌로 만들어도 맛있습니다.

2 물 3컵에 말린 표고버섯, 다시마를 넣고 5분간 끓여 채수를 만든다.

3 채수 2컵에 양념장 재료를 섞어 양념장을 만든다.

4 저장용기에 물기를 뺀 곤드레나물을 차곡차곡 담고 양념장을 넉넉하게 붓는다.

   ★ 건채장아찌는 보통 3달 정도 저장했다가 먹으면 됩니다.

절집 밥상
더하기

말린 곤드레나물은 이미 손질해서 한 번 찐 다음에 말린 것이기 때문에 너무 꼼꼼하게 손질하지 않아도 됩니다. 물에 살살 흔들어 씻은 다음 바로 채반에 건져 마른 행주로 감싸 물기를 닦아내어 준비하세요.

동무김치

무를 반으로 쪼개 등에 칼집을 내고 칼집 사이사이에
양념을 넣은 무김치입니다. 시원한 맛이 오래가 겨우내
두고 먹을 수 있습니다.

재료

□ 무 1개
□ 소금물 적당량(굵은소금 1½컵 + 물 3컵)

양념

□ 청각 20g   □ 생강 1쪽(소)
□ 갓 3~4대   □ 고춧가루 ½컵
□ 말린 고추 4개   □ 설탕 1큰술
□ 배 ¼개   □ 통깨 ½큰술

찹쌀풀

□ 찹쌀가루 1큰술
□ 물 ½컵

만드는 법

1 무는 속이 단단한 재래종으로 골라 깨끗이 씻은 후
  세로로 2등분한다.

2 무의 등에 7~8개 정도의 칼집을 비스듬히 내고,
  소금물에 넣어 2~3시간 절인다.

  ★ 무를 절이는 소금물은 소금과 물의 비율을 1:2 정도로
  맞추면 됩니다.

3 절인 무를 헹군 뒤 채반에 담아 물기를 뺀다.

4 냄비에 물을 붓고 찹쌀가루를 푼 뒤 맑은 색이 날
  때까지 중약 불에서 저으면서 찹쌀풀을 쑨다.

5 청각은 물에 비비면서 깨끗이 씻어 물기를 짠 뒤
  다진다.

6 갓은 씻어서 3~4㎝ 길이로 송송 썬다.

7 말린 고추는 물에 10분간 불렸다가 배, 생강과 함께
  믹서에 넣어 간다.

8 ❼에 찹쌀풀, 청각, 갓, 고춧가루, 설탕, 통깨를 넣고
  섞어 양념을 만든다.

9 무의 칼집에 양념을 넣으면서 버무린다.

검은콩장

검은콩은 일반 콩에 비해 노화 방지 성분이 4배나 많고, 성인병
예방 효과가 뛰어납니다. 우리네 밥상에서 우리의 건강을
지켜준 고마운 반찬인 검은콩장은 순천 송광사에서 예로부터
전해 내려온 전래음식이기도 합니다.

재료

☐ 서리태 2컵
☐ 깨 약간

양념장

☐ 채수 2컵
☐ 집간장 1큰술
☐ 조청 3큰술

만드는 법

1 서리태는 반나절 정도 미리 물에 불려놓는다.

    ★ 검은콩 중에서도 알맹이가 푸른색을 띠는 속청을
    서리태라고 합니다.

2 채수에 집간장과 조청을 섞어 양념장을 만든다.

    ★ 채수 만들기는 29쪽을 참조하세요.

3 냄비에 불린 서리태와 양념장을 넣고 약한 불에서
    30분간 조린다.

4 완성된 검은콩장을 그릇에 담아 깨를 뿌려서 낸다.

오백숭제에서 처음 선보인 음식입니다. 단백질과 칼슘이
풍부한 두부 안에 비타민과 섬유질이 담겨 영양이
배가되었습니다. 말랑말랑한 두부와 함께 씹히는 채소의
식감도 채소두부만의 매력입니다.

채소두부

재료

□ 불린 콩 4컵
□ 당근 20g
□ 시금치 2쪽
□ 표고버섯 ½개
□ 간수 2큰술

만드는 법

1 콩은 하루 전날 미리 불려놨다가 물 10컵과 함께 믹서에 넣고 곱게 간다. 베주머니에 넣고 짜서 콩물을 내린다.

★ 콩은 푹 익히려면 물에 담가 8시간 이상은 불려야 해요. 전날 미리 물에 푹 담가 불려놓으세요.

2 당근, 시금치, 표고버섯은 잘게 다진다.

3 냄비에 콩물을 넣고 센 불에서 끓이다가 한소끔 끓어오르면 다진 채소를 넣고 약한 불로 줄인다.

★ 콩물은 푹 끓여야 나중에 두부를 만들었을 때 윤기가 나요.

4 거품을 걷어내면서 두 번 정도 끓어오를 때까지 계속 끓인다. 이때 거품이 냄비 밖으로 흘러넘치지 않도록 중간마다 물을 부어준다.

5 간수에 같은 양의 물을 넣어 희석한 후 ❹에 넣는다.

6 간수가 콩물과 엉기기 시작하면 불을 끄고 베보자기를 깐 사각틀에 살살 붓는다. 주걱으로 표면을 눌러서 모양을 다듬는다.

7 완성된 채소두부를 모양 있게 썰어 접시에 담아서 낸다.

★ 채소두부에 김치를 곁들여 먹으면 더 풍부한 맛을 즐길 수 있습니다.

절집 밥상
더하기

간수와 콩물이 몽글몽글한 덩어리가 보일
정도로 엉기면 사각틀에 부으세요.

배에 백김치를 말아 넣은 특별한 절집 밥상 메뉴입니다.
하얀 화선지에 그린 그림처럼 배 안에 담긴 갖가지 채소와 견과류가
보기에 너무도 고와 감탄이 절로 납니다.

통배백김치

재료

- □ 배추 ½쪽
- □ 무 200g
- □ 배 2개
- □ 미나리 ¼단
- □ 당근 ⅓개
- □ 밤 5개
- □ 대추 5개
- □ 생강 1쪽
- □ 소금 적당량
- □ 소금물 적당량
  (굵은소금 1½컵 +
  물 3컵)

물김치 국물

- □ 물 6컵
- □ 찹쌀풀 ½컵
- □ 소금 ½큰술

만드는 법

1 배추는 소금물에 넣어 2~3시간 절인다. 배춧잎의 숨이 죽으면 맑은 물에 두 번 정도 헹궈 물기를 뺀다.

　★ 보통 배추를 절일 때는 배추 1포기에 소금 1컵이 기준입니다. 여기에 소금과 물의 비율을 1:3 정도로 맞춰서 소금물을 만들면 됩니다.

2 무는 곱게 채 썬다.

3 미나리는 2cm 길이로 자른다. 이때 묶음용 미나리를 몇 줄 남겨놓는다.

4 당근, 대추, 밤도 곱게 채 썬다.

5 배는 과일씨 제거기나 작은 칼로 꼭지와 씨 부분을 통째로 빼낸다.

6 물기 뺀 배춧잎을 한 장씩 놓고 ❷, ❸, ❹를 섞어서 소를 만들어 올린다. 김밥을 말듯이 돌돌 말아서 묶음용 미나리(❸에서 남겨놓은)로 묶는다.

7 배 속에 ❻을 넣고 적당한 크기로 썰어 그릇에 담는다.

　★ 백김치는 미리 만들어놓고 먹기 직전에 배 속에 넣어 썰어 내세요.

8 물김치 국물을 만들어 ❼에 부어서 낸다.

12월, 연말 모임이 유난히 많은 달이죠? 손님상에 뭘 낼까
고민인 분들께 오감만족탑을 추천합니다. 찐 감자를 오이 위에
얹어 돌돌 말아 올려서 보기도 예쁘지만 담백하면서 상큼한
맛이 식전 음식으로 내기에 그만이죠. 연말 행사나 모임에서
유난히 인기가 많은 메뉴입니다.

오감만족탑

만드는 법

1 볶은 땅콩은 껍질을 까서 채수, 소금, 조청과 함께 믹서에 넣고 갈아 땅콩 소스를 만든다.

★ 채수 만들기는 29쪽을 참조하세요.

2 감자는 쪄서 으깬 후 소금과 후추로 간한다.

3 브로콜리는 소금을 넣은 끓는 물에 데쳐서 물기를 뺀 후 곱게 다진다.

4 오이는 감자칼로 얇고 길게 베어낸다.

5 얇게 저민 오이 위에 간한 감자를 펴놓고 땅콩 소스를 발라서 꽈배기 말듯이 돌돌 만다.

6 그릇에 ❺를 세우고 다진 브로콜리를 뿌린다.

★ 브로콜리가 없다면 남은 오이를 잘게 다져서 장식을 해보세요.

7 산야초 효소를 약한 불에서 은근히 끓여서 산야초 소스를 만들어 곁들여 낸다.

★ 산야초 소스를 오감만족탑 위에 예쁘게 뿌려서 내도 좋습니다.

재료

☐ 오이 1개   ☐ 소금 약간
☐ 감자 2개   ☐ 후추 약간
☐ 브로콜리 2꼭지

땅콩 소스

☐ 볶은 땅콩 $\frac{1}{2}$컵   ☐ 소금 약간
☐ 채수 2큰술   ☐ 조청 2큰술

산야초 소스

☐ 산야초 효소 1큰술

절집 밥상
더하기

● 오이를 감자칼로 베어낼 때는 힘을 빼고 쓱쓱 밀어야 얇게 저며져요.

● 오이를 말 때는 꽈배기를 말듯이 사선으로 말아 올리고, 끝을 잘라 정돈해서 접시 위에 세워서 내세요.

식물성 단백질이 듬뿍 든 두부와 감자,
당근, 버섯, 시금치 등 갖가지 채소가 만나
다양한 맛과 색을 내는 찜 요리입니다.
쿠키틀에 따라 다양한 모양을 낼 수 있어
예쁜 모양이 눈길을 사로잡아요.

두부오방찜

재료

- 두부 2모
- 감자 1개
- 당근 80g
- 표고버섯 3개
- 시금치 80g
- 청고추 2개
- 홍고추 1개
- 노란 파프리카 $\frac{1}{3}$개
- 소금 적당량
- 참기름 적당량
- 집간장 약간

만드는 법

1 두부는 끓는 물에 데쳐내어 베보자기에 넣고 으깨면서 물기를 짠 다음, 소금과 참기름으로 간해서 버무린다.

2 감자는 쪄서 으깬 후 소금과 참기름으로 간한다.

3 당근은 다져서 소금으로 간하여 살짝 덖는다.

4 표고버섯은 다져서 집간장과 참기름으로 밑간해서 살짝 볶는다.

5 시금치는 끓는 물에 데쳐 물기를 꼭 짠 후 다져서 소금과 참기름으로 간하여 무친다.

6 청·홍고추는 각각 씨를 제거하고 다져서 마른 팬에 살짝 볶는다.

7 파프리카는 다져서 소금을 간해서 살짝 볶는다.

8 준비한 두부는 5등분해서 각각 색깔에 맞춰 준비한 재료들과 섞는다(두부+당근+홍고추, 두부+시금치+청고추, 두부+표고버섯, 두부+감자+노란 파프리카, 두부).

9 쿠키틀에 두부찜을 각각 채워 김이 오른 찜솥에서 넣고 센 불에서 2~3분간 찐다.

그 옛날 큰스님들께서 병후 회복식으로 입맛 없을 때 드시던
죽입니다. 입안에서 사르르 녹는 듯한 달달한 배죽이 목을 따뜻하게
하고 속을 편안하게 달래줄 것입니다.

배죽

재료

☐ 배 1개(대)
☐ 현미 100g
☐ 물 4컵

만드는 법

1 현미는 물에 담가 2시간 이상 불린 후 물기를 빼고 절구에 빻는다.

2 현미와 물을 냄비에 넣고 끓인다.

3 한소끔 끓어오르면 약한 불로 줄여서 은근하게 쌀이 퍼질 때까지 끓인다.

4 배는 강판에 간다.

5 완성된 현미죽 위에 간 배를 올려서 낸다.

1월의 절집 밥상

매생이리소토

청국장수프

석이버섯무침

두부묵은지조림

김장아찌

다시마전

수삼물김치

녹두카나페

묵구절판

사찰보양탕

해초묵

매생이리소토

찬바람 불 때가 제철인 매생이, 이젠 리소토로 특별하게
즐겨보세요. 살짝 들어가는 참기름이 매생이에 부족한
지질까지 보충해줍니다.

재료

☐ 발아현미 1컵　　　☐ 다시마 20g
☐ 매생이 40g　　　　☐ 참기름 약간
☐ 당근 30g　　　　　☐ 집간장 약간
☐ 말린 표고버섯 4개

만드는 법

1　발아현미는 살살 씻어서 2시간 이상 불렸다가 체에
　밭쳐서 물기를 뺀다.

2　물 2컵과 말린 표고버섯, 다시마를 넣고 7분간 끓여
　채수를 만든다. 표고버섯과 다시마를 건져내고
　집간장을 넣어 맛국물을 준비한다.

3　매생이는 살살 흔들면서 씻어 불순물을 제거한다.

4　당근은 씻어서 잘게 다진다.

5　팬에 발아현미와 당근, 집간장과 참기름을 넣고
　살짝 볶다가 ❷의 맛국물을 넣고 끓인다.

6　한소끔 끓어오르면 손질한 매생이를 넣고 약한
　불로 줄여서 5분간 끓인다.

　★ 매생이는 금방 풀어지니 너무 오래 끓이지 마세요.

7　완성된 매생이리소토를 그릇에 담아낸다.

　★ 장아찌와 곁들여 내도 좋아요.

청국장수프

청국장을 곱게 갈아 국물을 만들어 두부에 곁들였습니다.
발효균과 단백질이 풍부한 청국장을 맑고 담백하게 즐겨보세요.

재료

□ 두부 ½모
□ 참나물 20g
□ 청국장 3큰술
□ 말린 표고버섯 4개
□ 다시마 10g
□ 집간장 1작은술

만드는 법

1 물 4컵에 말린 표고버섯과 다시마를 넣고 5분간
   끓여 채수를 만든다.

2 두부는 끓는 물에 데쳐낸 후 적당한 크기로 썬다.

3 참나물은 씻은 후 적당한 크기로 잘라서 준비한다.

4 청국장은 채수 1컵을 넣고 믹서에 간 다음, 체에
   걸러서 청국장 물을 받는다.

5 냄비에 청국장 물을 넣고 센 불에 올린다. 한소끔
   끓어오르면 집간장을 넣고 바로 불을 끈다.

6 그릇에 두부와 참나물을 넣은 다음 완성된 수프를
   부어서 낸다.

바위절벽에 붙어 자라는 석이버섯은 능이버섯에 버금가는
특별하고 귀한 버섯입니다. 조선의 18대 왕인 현종이
석이버섯을 먹고 병상에서 일어났다는 기록이 전해질
만큼 기력 회복에 효능이 뛰어납니다.

석이버섯
무침

재료

- □ 석이버섯 40g
- □ 집간장 ½큰술
- □ 참기름 1큰술
- □ 밤 1알

만드는 법

1 석이버섯은 끓는 물에 데친 후 돌 같은 이물질이 남아 있지 않은지 잘 살피면서 손질한다. 배꼽 부분은 떼어낸다.

2 손질한 석이버섯은 물기를 빼고 집간장과 참기름으로 조물조물 무친다.

3 양념한 석이버섯을 팬에 볶는다.

4 밤을 채 썰어 볶은 석이버섯 위에 올려서 낸다.

절집 밥상
더하기

석이버섯 표면을 자세히 보면
사마귀처럼 튀어나온 부분이 있습니다.
석이버섯 배꼽이라고 하는 이 부분은
손질하면서 꼭 떼어내야 합니다.
석이버섯 안쪽에 남은 녹색 껍질도
손으로 비벼서 잘 벗겨내세요.

두부와 어울리는 재료를 물으면 열에 아홉은 김치를 떠올릴 것입니다.
두부와 김치의 궁합은 따로 설명할 필요가 없을 정도지요. 부드럽고 고소한
두부와 시큼한 묵은지로 만든 조림은 효자 반찬입니다.

두부묵은지조림

재료

- □ 두부 1모
- □ 묵은지 ¼쪽(배춧잎 3~4장)
- □ 미나리 약간
- □ 부침유 2큰술(들기름 1큰술 + 식용유 1큰술)
- □ 참기름 1큰술
- □ 소금 약간

양념장

- □ 집간장 1큰술
- □ 고춧가루 1작은술
- □ 참기름 1작은술
- □ 채수 1컵

만드는 법

1 두부는 6×2*cm* 정도 크기로 도톰하게 썬다. 옆면에 칼집을 내고 소금을 뿌린 후 물기를 닦아낸다.

2 부침유를 두른 팬에 두부를 노릇하게 지져낸다.

3 묵은지는 다져서 물기를 빼고 참기름을 넣어 무친다.

4 미나리는 끓는 물에 살짝 데쳐서 물기를 뺀다.

5 ❷의 칼집 속에 ❸을 채워 넣고 데친 미나리로 묶는다.

6 완성된 두부묵은지를 냄비에 넣고 양념장 재료를 섞어서 끼얹은 후 중약 불에서 20분간 조린다.

★ 채수 만들기는 029쪽을 참조하세요.

두부에 묵은지로 만든 소를 넣을 때는 젓가락을 이용하세요.
두부의 맨 아래 중심 부분을 손가락으로 누르면 칼집이 벌어져
묵은지로 만든 소를 넣기가 한결 수월합니다.

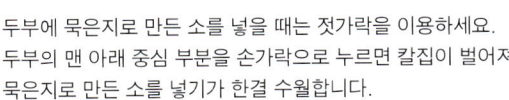

김장아찌

김밥용 김처럼 두껍고 질긴
김을 양념장에 담가 장아찌를
만들어보세요. 구워 먹을 때
느끼지 못한, 김에 담긴 진한 바다
냄새와 맛을 느낄 수 있습니다.

재료

☐ 김밥용 김 8장

양념장

☐ 밤 3알
☐ 생강 1쪽(80g)
☐ 간장 3큰술
☐ 물 ½컵
☐ 조청 3큰술
☐ 매실청 1큰술
☐ 통깨 1큰술

만드는 법

1 김은 먹기 좋은 크기로 자른다.

2 밤은 곱게 채 썬다.

3 생강은 강판에 갈아 즙을 낸다.

4 냄비에 생강즙과 물, 간장, 조청, 매실청을 넣고 끓여서 식힌 다음, 밤과 통깨를
   넣어 양념장을 완성한다.

5 김을 4~5장씩 잡아서 양념장에 적신 후 용기에 담는다.

   ★ 김장아찌는 따로 숙성 기간을 거칠 필요가 없이 담가서 바로 먹을 수 있습니다. 다만 밤이
   들어가서 오래 저장할 수 없으니 냉장 보관해서 한 달 안에 드세요.

다시마전

다시마는 지방의 흡수를 방해하여
다이어트에 도움을 줄뿐더러 칼슘,
식이섬유 등 영양소가 풍부한
식품입니다. 다시마는 주로 우려서
사용하는데, 반죽옷을 입혀 전을
부쳐보세요. 쫀득쫀득한 식감이
별미랍니다.

재료
- □ 염장 다시마 100g
- □ 설탕 1작은술
- □ 부침유 2큰술(들기름 1큰술 + 식용유 1큰술)

반죽옷
- □ 치자 2개
- □ 따뜻한 물 1컵
- □ 밀가루 1컵
- □ 집간장 1작은술

만드는 법

1 다시마는 물에 20분 정도 담가 소금기를 없애고 설탕을 넣은 끓는 물에 살짝
  데친 후 물기를 뺀다.

2 치자는 으깨서 따뜻한 물 1컵에 넣어 30분간 우린다.

3 밀가루는 체에 내려 집간장과 우린 치자를 넣고 반죽옷을 만든다.

4 다시마에 반죽옷을 입혀 부침유를 두른 팬에서 지져낸다.

기운없고 입맛 없을 때 원기회복에 좋은
수삼을 넣어 만든 물김치입니다. 몸에 좋은
수삼의 기운과 아삭아삭한 배추의 식감을
느낄 수 있는 별미랍니다.

수삼물김치

재료

- 배춧잎 4장
- 무 ⅓개
- 미나리 50g
- 수삼 1개
- 청고추 1개
- 홍고추 ½개
- 당근 30g
- 굵은소금 2큰술

김칫국물

- 배 ⅓개
- 사과 ⅓개
- 소금 2큰술
- 고춧가루 1큰술
- 생강즙 1큰술

쌀풀

- 쌀가루 ½컵
- 물 2ℓ

만드는 법

1 배춧잎은 3×3cm 크기로 썬다.

2 무도 3×3cm 크기로 나박썰기 한다.

3 배춧잎과 무에 굵은소금을 뿌려 1시간 정도 절인 다음, 물에 한두 번 정도 헹구어 물기를 뺀다.

4 미나리는 4cm 길이로 썬다.

5 수삼은 껍질을 칼로 살살 긁어내어 씻은 후, 무와 비슷한 굵기로 어슷하게 썬다.

6 청·홍고추도 어슷하게 썬다. 당근은 곱게 채 썬다.

7 배와 사과는 껍질을 벗기고 강판에 갈아 즙을 낸다.

8 냄비에 물을 붓고 쌀가루를 고루 풀어 10분 정도 두었다가 약한 불에서 나무주걱으로 저어가며 20분 정도 끓여 쌀풀을 만든다.

9 고춧가루를 베보자기에 담아서 식힌 쌀풀에 담가 1분 정도 주물러 주황색 물을 들인다. ❼과 생강즙, 소금을 섞어서 김칫국물을 만든다.

10 저장용기에 ❸, ❹, ❺, ❻을 넣고 고루 섞은 다음, 김칫국물을 붓는다. 냉장고에 넣지 않고 3일 정도 상온에서 자연 숙성시킨다.

녹두전이 향긋한 고수와 쌉쌀한 새싹채소를 만나 카나페로 변신했습니다.
고수와 새싹채소가 기름진 맛을 잡아주어 산뜻하게 즐길 수 있습니다.

녹두카나페

재료

- [ ] 녹두 1컵
- [ ] 고사리 50g
- [ ] 숙주 50g
- [ ] 당근 40g
- [ ] 표고버섯 1~2개
- [ ] 청고추 1개
- [ ] 홍고추 $\frac{1}{2}$개
- [ ] 고수 20g
- [ ] 새싹채소 40g
- [ ] 집간장 · 참기름 · 소금 적당략씩
- [ ] 부침유 2큰술
  (들기름 1큰술 + 식용유 1큰술)

양념장

- [ ] 채수 1큰술
- [ ] 집간장 1큰술
- [ ] 참깨 $\frac{1}{2}$작은술
- [ ] 식초 $\frac{1}{2}$큰술
- [ ] 다진 청 · 홍고추 1작은술씩

만드는 법

1 녹두는 하루 전날 미리 물에 불려서 믹서에 간다.

2 고사리는 찬물에 넣고 끓여서 15분간 삶은 후 삶은 물에 담가 2시간 정도 불린다. 다져서 집간장과 참기름으로 간해서 볶는다.

3 숙주는 끓는 물에 2분간 데친다. 물기를 꼭 짠 후 다져서 소금과 참기름을 넣고 무친다.

4 당근은 다진 후 소금으로 간해서 덖는다.

5 표고버섯은 다져서 참기름과 집간장으로 밑간한 후 마른 팬에 볶는다.

6 청 · 홍고추도 다져서 팬에 남아 있는 잔열로 살짝 볶는다.

7 볼에 ❶, ❷, ❸, ❹, ❺, ❻을 넣고 버무려 반죽을 만든다.

8 팬에 부침유를 두르고 ❼을 바싹하게 지져내 녹두전을 만든다.

9 양념장 재료를 모두 섞어 양념장을 만든다.

★ 채수 만들기는 29쪽을 참조하세요.

10 새싹채소와 고수는 씻어서 물기를 빼고, 고수는 굵게 다진다.

11 녹두전을 적당한 크기의 직사각형으로 썬다.

12 녹두전 위에 ❿을 올리고 양념장을 뿌려서 낸다.

밀전병을 얇게 부쳐 아홉 가지의 재료를 넣은 궁중
음식, 구절판! 갖가지 채소의 맛과 말린 묵 특유의
쫀득쫀득한 식감을 한입에 즐겨보세요.

묵구절판

재료

- □ 말린 묵 20g
- □ 오이 ½개
- □ 노란 파프리카 ¼개
- □ 빨간 파프리카 ⅓개
- □ 당근 ¼개
- □ 표고버섯 2개
- □ 석이버섯 10g
- □ 숙주나물 50g
- □ 애호박 ½개
- □ 밤 4알
- □ 소금 약간
- □ 집간장 · 참기름 적당량씩
- □ 단촛물 1큰술
- □ 부침유 4큰술 (들기름 2큰술 + 식용유 2큰술)

반죽

- □ 밀가루 1컵
- □ 전분 1큰술
- □ 치자가루 ⅓작은술
- □ 녹차가루 ⅓작은술
- □ 집간장 1큰술
- □ 물 1큰술

만드는 법

1 밀가루와 전분을 섞어 체에 내린 후, 2등분해서 각각 녹차가루와 치자가루를 섞는다. 각각 물 ½컵과 집간장 ½큰술씩을 넣어 반죽을 만든다. 팬에 부침유를 두르고 얇게 밀전병을 부쳐낸다.

★ 밀전병을 부칠 때는 계량스푼을 사용해보세요. 1큰술(15㎖)이면 딱 알맞은 크기의 밀전병을 부칠 수 있습니다. 게다가 계량스푼의 목을 살짝 구부려서 계량스푼의 등으로 반죽을 살짝 누르며 원을 그리듯이 돌려주면 모양까지 예쁘게 할 수 있답니다. 49쪽을 참조하세요.

2 말린 묵은 따뜻한 물에 30분간 불렸다가 물기를 뺀 후 집간장과 참기름으로 밑간해서 볶는다.

3 오이는 씨 부분을 도려내서 채 썬 후, 단촛물에 10분 정도 절인 후 체에 건져 놓는다.

★ 단촛물은 설탕 4큰술, 식초 4큰술, 소금 1큰술을 약한 불에서 저어가면서 녹인 후 식혀서 사용하세요.

4 노란 파프리카와 빨간 파프리카는 6cm 길이로 썰어 물기를 뺀 후 소금으로 간해서 마른 팬에 살짝 덖는다.

5 당근은 채 썰어 소금을 약간 넣고 참기름을 두른 팬에 볶는다.

6 표고버섯은 채 썰어 집간장과 참기름으로 밑간한 후 살짝 볶는다.

7 석이버섯은 불려서 불순물을 제거한 후 곱게 채 썰어 집간장과 참기름으로 밑간하여 볶는다.

8 숙주나물은 머리와 꼬리를 떼어내서 끓는 물에 데친 후 소금과 참기름을 넣고 무친다.

9 호박은 오이와 같은 길이로 썰어 소금으로 간해서 참기름을 두른 팬에 볶는다.

10 밤은 껍질을 까서 곱게 편 썬 후 참기름을 두른 팬에 볶는다.

11 그릇에 준비한 모든 재료를 예쁘게 담아 낸다.

사찰보양탕

몸에 좋은 재료가 한 냄비에 모두 담긴 보양식입니다.
견과류와 들깨가루, 콩가루로 맛을 낸 구수한 사찰보양탕
한 그릇이면 추위에 지친 몸에 활기를 불어넣기에
충분합니다.

재료

□ 연근 60g
□ 단호박 40g
□ 양송이버섯 4개
□ 느타리버섯 5개
□ 팽이버섯 ½봉지
□ 참나물 30g
□ 호두 · 잣 · 호박씨
  1작은술씩
□ 콩가루 ½큰술
□ 들깨가루 1큰술
□ 쌀가루 1큰술
□ 들기름 1큰술
□ 집간장 2작은술
□ 말린 표고버섯 5개
□ 다시마 20g

만드는 법

1 물 4컵에 말린 표고버섯과 다시마를 넣고 7분간 끓여 채수를 만든다.

2 채수에서 표고버섯을 건져내어 깍둑썰기 하고 물기를 짠다.

3 연근과 단호박은 깍둑썰기 한다.

4 양송이버섯과 느타리버섯, 팽이버섯은 모양대로 썬다.

5 참나물은 끓는 물에 데친다.

6 호두, 잣, 호박씨는 굵게 다진다.

7 콩가루와 들깨가루, 쌀가루는 섞어서 채수 2큰술 정도를 넣고 10분 이상 불려놓는다.

8 냄비에 들기름을 두르고 표고버섯과 연근, 당근을 넣고 볶다가 채수와 집간장을 넣고 끓인다. 끓기 시작하면 손질한 버섯들을 넣고 계속 끓인다.

9 한소끔 끓어오르면 **5**, **6**, **7**을 넣고 2~3분간 더 끓인다.

해초묵

요오드, 철분, 칼슘, 칼륨 등 무기질이 많이 들어 있고
식이섬유도 풍부한 대표적인 저칼로리 식품인 해초를 묵으로
만들어 즐겨보세요.

재료

□ 해초 4~8개(말린 꼬시랭이 또는 모자반)
□ 한천가루 2큰술
□ 미지근한 물 ⅓컵
□ 말린 표고버섯 4개
□ 다시마 20g
□ 집간장 1큰술

만드는 법

1 물 4컵과 말린 표고버섯, 다시마를 넣고 5분간 끓여
   채수를 만든다. 버섯과 다시마는 건져내고 채수에
   집간장을 넣어 1분 정도 더 끓여 맛국물을 만든다.

2 한천가루는 미지근한 물을 넣고 20분간 불린다.

3 해초는 흐르는 물에 살짝 씻어서 물기를 뺀다.

   ★ 해초는 너무 세게 비비면서 씻으면 맛이 다 빠질 수
   있어요. 흐르는 물에 살살 비벼서 씻어주세요.

4 맛국물에 한천가루를 넣고 약한 불에 올려
   저어주면서 끓인다.

5 한천가루가 녹으면 불을 끈다. 한 김 뺀 후, 해초를
   담은 틀에 부어서 식힌다.

2월의 절집 밥상

모자반톳밥

연잎콩시래기전골

물미역무침

늙은호박김치

시래기된장조림

늙은호박찜

삼곡두부선

김치잡채

콩나물밀쌈

바다에서 건진 칼슘 영양제라 불리는 톳과
항암에 효능이 있는 모자반을 넣어 밥을
지어보세요. 향긋한 바다내음이 밥상 가득 번져
바다에 와 있는 듯합니다.

모자반톳밥

재료

□ 발아현미 2컵
□ 톳 60g
□ 말린 모자반 30g
□ 소금 약간
□ 말린 표고버섯 4개
□ 다시마 20g

양념장

□ 집간장 1큰술
□ 참깨 ½작은술
□ 참기름 1작은술
□ 채수 1큰술
□ 다진 청 · 홍고추
　약간씩

만드는 법

1 발아현미는 밥 짓기 2시간 전에 씻은 후 불려놓는다.

2 톳은 물에 담가서 염분을 뺀 후 흐르는 물에 깨끗하게 씻는다.

3 말린 모자반은 물에 담가 손으로 살살 주무르면서 두어 번 재빨리 씻는다.

4 물 3컵과 말린 표고버섯, 다시마를 넣고 5분간 끓여 채수를 만든다.

5 냄비에 불린 발아현미와 ❷, ❸을 넣고 채수 2컵으로 밥물을 맞춰 센 불에 올린다. 한소끔 끓어오르면 중간 불로 줄여서 10분, 수분이 거의 없어지면 약한 불로 줄여서 10분 정도 뜸 들인다.

6 양념장 재료를 모두 섞어 양념장을 만든다.

7 상에 낼 때 밥과 양념장을 곁들여 낸다.

절집 밥상 더하기

톳은 물에 담가서 바락바락 주무르면서 염분을 빼야 합니다.
투명한 물이 나올 때까지 헹군 후 흐르는 물에 깨끗하게 씻으세요.

푹 삶은 구수한 시래기를 된장에 조물조물 무쳐
버섯, 당근 등의 채소와 함께 끓인 전골입니다.
연잎콩시래기전골로 겨울철 부족해지기 쉬운
비타민과 미네랄을 보충하세요.

연잎콩시래기전골

재료

□ 연잎 ½장
□ 말린 시래기 30g
□ 표고버섯 2개
□ 팽이버섯 40g
□ 당근 40g
□ 늙은호박 50g

□ 청고추 · 홍고추
  2개씩
□ 삶은 콩 ½컵
□ 들깨가루 2큰술
□ 채수 3컵
□ 집간장 1큰술

시래기 양념

□ 된장 1작은술
□ 들기름 1작은술

양념장

□ 고추장 1큰술
□ 된장 1작은술
□ 고춧가루 1작은술

만드는 법

1 말린 시래기는 푹 삶은 후 그대로 삶은 물에 담가 반나절 정도 우린다. 질긴 것은 껍질을 벗겨서 여러 번 헹궈 물기를 짜고 6cm 길이로 썬 다음, 된장과 들기름을 넣고 20분 정도 재워둔다.

2 표고버섯은 먹기 좋은 크기로 편 썰고, 팽이버섯은 먹기 좋은 크기로 찢는다.

3 당근은 표고버섯 크기로 편 썬다.

4 늙은호박도 표고버섯 크기로 편 썬다.

5 청 · 홍고추는 씨를 제거하고 표고버섯 길이로 길게 썬다.

6 고추장, 된장, 고춧가루를 섞어 양념장을 만든다.

7 들깨가루는 채수 2큰술을 넣어 풀어둔다.

★ 채수 만들기는 29쪽을 참조하세요.

8 전골냄비에 연잎을 깐 후 ❷, ❸, ❹, ❺를 둘러 담고 가운데에 재워둔 시래기와 삶은 콩을 올린다.

★ 콩은 종류에 상관없이 집에 있는 것을 삶아서 준비하면 됩니다.

9 남은 채수에 집간장을 섞어서 냄비에 붓고 양념장을 넣어 센 불에 올린다. 한소끔 끓으면 ❼을 넣어 2~3분간 더 끓인다.

물미역무침

물미역과 연두부는 함께 먹으면 부족한 부분이 보완되,
궁합이 잘 맞는 식품입니다. 곁들인 새콤달콤한 소스는
물미역과 연두부의 맛과 영양을 한층 높여줍니다.

재료

- □ 물미역 3줄기
- □ 연두부 ½개
- □ 새싹채소 30g
- □ 사과 ½개

소스

- □ 집간장 1큰술
- □ 식초 2큰술
- □ 조청 1큰술
- □ 참기름 1작은술
- □ 깨 약간

만드는 법

1 물미역은 씻어서 한입 크기로 자른다.

2 새싹채소는 씻어서 물기를 뺀다.

3 집간장과 조청, 참기름은 중탕하고, 식으면 식초와
    섞고 깨를 넣어 소스를 만든다.

4 사과는 씨와 꼭지를 제거하고 부채꼴 모양을 살려
    얇게 썬다.

5 그릇에 미역을 담고 연두부와 새싹채소를 올린 후
    소스를 뿌린다. 사과는 적당하게 얹어 장식한다.

늙은호박김치

카로틴이 많은 늙은호박과 비타민 C가 풍부한 무청으로 만든 김치입니다. 황해도 지방에서 유래된 음식으로 양념이 강하지 않아 찬거리가 마땅치 않았던 겨울철에 찌개로 이용했다고 합니다. 주황색으로 단단해진 늙은호박이 내는 달착지근한 맛이 별미입니다.

재료

- [ ] 늙은호박 400g
- [ ] 배추 ¼개
- [ ] 무 ⅓개
- [ ] 무청 100g
- [ ] 굵은소금 1컵
- [ ] 죽염 적당량

양념

- [ ] 배 ¼개
- [ ] 생강 1개(중)
- [ ] 찹쌀가루 3큰술
- [ ] 물 2컵
- [ ] 고춧가루 1컵

만드는 법

1 늙은호박은 얇게 깍둑썰기 한다.

2 배추는 3~4cm 정도 길이로 썬다.

3 무는 굵게 채 썬다.

4 무청은 속대만 골라 3~4cm 길이로 썰어 물에 헹군 후 굵은소금에 2시간 정도 절인다.

5 찹쌀가루는 물을 넣고 중간 불에서 저어가면서 끓여 죽을 쑨다.

6 배와 생강은 껍질을 벗긴 후 강판에 갈아 찹쌀죽과 고춧가루를 넣고 섞어 양념을 만든다.

7 소금에 절인 무청은 한 번 헹구어서 채반에 담아 물기를 뺀 후 늙은호박, 배추, 무와 섞어 양념에 버무린다. 이때 양념 간이 싱거우면 죽염으로 간을 맞춘다.

★ 늙은호박김치는 저장용기에 담아 보름 정도 지나면 맛이 들어서 먹을 수 있습니다.

겨우내 말린 시래기를 삶아 된장에 무쳐 조린
밥반찬입니다. 시래기는 된장에 무치면 구수한 맛이
배가될뿐더러 영양적으로도 궁합이 잘 맞습니다. 된장에
부족한 비타민은 시래기로, 시래기에 부족한 단백질은
된장으로 채워진답니다.

시래기된장조림

재료

- □ 시래기 60g
- □ 청고추 2개
- □ 홍고추 1개
- □ 말린 표고버섯 5~6개
- □ 다시마 10g
- □ 집간장 1작은술
- □ 참기름 약간
- □ 들기름 1큰술

시래기 양념

- □ 된장 2큰술
- □ 고춧가루 1큰술
- □ 고추장 1작은술

만드는 법

1 물 3컵에 표고버섯과 다시마를 넣고 5분간 끓여서 채수를 만든다.

2 시래기는 끓는 물에 30분간 삶고 삶은 물에 1시간 정도 담가놓은 후, 물에 씻어서 물기를 짜고 6cm 길이로 잘라 시래기 양념을 넣어 버무린다.

   ★ 시래기는 보통 상태가 좋은 것일 경우 삶은 물에 1시간 정도 담구었다가 사용합니다.

3 채수에서 표고버섯을 건져내 굵게 채 썰어 집간장과 참기름으로 밑간한다.

4 청·홍고추는 채 썬다.

5 냄비에 들기름과 채수 2큰술을 넣고 양념한 시래기와 표고버섯을 볶는다.

6 남은 채수를 부어 걸쭉해질 때까지 중간 불에 조린다.

7 완성된 시래기된장조림 위에 청·홍고추를 올려서 낸다.

절집 밥상
더하기

시래기 양념에 들어가는 된장은 절구에 곱게 빻아서 사용하세요.
덩어리가 지지 않아 시래기에 더 빨리 깊은 맛이 뱁니다.

늙은호박찜

비타민 A가 풍부한 늙은호박을 양념장에 조려 얼큰한 맛을
더했습니다. 부기를 빼는 데 효능이 있는 늙은호박찜을
밥반찬으로 즐겨보세요.

재료

☐ 늙은호박 400g

양념장

☐ 채수 1컵　　　　　　☐ 집간장 1큰술
☐ 고추장 1큰술　　　　☐ 된장 1작은술
☐ 고춧가루 1작은술　　☐ 참기름 약간

만드는 법

1　늙은호박은 껍질을 벗기고 2cm 간격으로 듬성듬성
　 썬다.

2　양념장 재료는 한데 섞는다.

　 ★ 채수 만들기는 29쪽을 참조하세요.

3　냄비에 늙은호박을 깔고 양념장을 부어 10분간
　 조린다.

삼곡두부선

두부에 세 가지 곡물을 넣어 만든 찜 요리입니다. 담백한 두부와 고소한 곡물이 어우러져 건강한 맛을 냅니다. 향긋한 고수를 넣은 양념장과 곁들여 먹으면 별미입니다.

재료

□ 두부 2모
□ 현미 · 율무 · 수수 40g씩
□ 소금 약간
□ 부침유 4큰술
　(식용유 2큰술 +
　들기름 2큰술)

양념장

□ 고수 40g
□ 청고추 1개
□ 집간장 2큰술
□ 조청 2큰술
□ 식초 2큰술

만드는 법

1 하루 전날 미리 불려놓은 현미, 율무, 수수를 김이 오른 찜솥에 넣고 센 불에서 20분간 찐다.

2 두부는 삼각 모양으로 자르고, 소금을 뿌린 후 물기를 닦아낸다. 팬에 부침유를 두르고 두부를 노릇하고 바싹하게 굽는다.

3 구운 두부의 길이가 긴 옆면에 칼집을 내고, 칼집 사이에 ❶을 넣는다.

4 고수와 청고추는 잘게 다진다.

5 집간장에 조청을 섞어 중탕하고, 식으면 식초와 고수, 청고추를 넣어 양념장을 만든다.

6 그릇에 ❸을 세워서 담고 양쪽에 양념장을 끼얹어 낸다.

절집 밥상 더하기

두부는 대각선으로 썰어 삼각 모양으로 만드세요. 긴 옆면에 칼집을 내면 적당한 양의 소를 넣을 수 있어요.

김장 김치가 맛있게 익을 때죠? 잘 익은 김치를
송송 썰어 참기름에 버무려 잡채를 만들어보세요.
색다른 잡채를 즐길 수 있습니다.

김치잡채

재료

- □ 익은 배추김치 6장
- □ 유부 4장(소)
- □ 청고추 2개
- □ 홍고추 1개
- □ 표고버섯 2개
- □ 당면 200g
- □ 소금 · 집간장 · 참기름 적당량씩
- □ 참깨 1큰술

당면 양념

- □ 물 ½컵
- □ 집간장 1큰술
- □ 송표간장 1큰술
- □ 참기름 1큰술

잡채 양념

- □ 집간장 1작은술
- □ 송표간장 1큰술
- □ 설탕 1큰술
- □ 참기름 1큰술

만드는 법

1 유부는 끓는 물에 두 번 데친 후 찬물에 헹궈 기름기를 제거한 다음, 물기를 빼고 채 썰어 참기름과 소금으로 밑간한 뒤 팬에 볶는다.

　★ 유부는 기름기가 많은 편입니다. 끓는 물에 한 번 데쳐낸 후 냄비를 닦아서 다시 물을 받아 끓여서 다시 한 번 데쳐내세요.

2 익은 김치는 흐르는 물에 씻어 물기를 빼고, 배춧대 방향으로 결을 따라 가늘게 채 썰어 참기름을 넣고 팬에 재빨리 볶는다.

3 청 · 홍고추는 씨를 빼고 채 썬 후 소금으로 간해서 팬에 남아 있는 잔열로 볶는다.

4 표고버섯은 기둥을 떼어내고 채 썬 후 참기름과 집간장으로 밑간해서 볶는다.

5 당면은 끓는 물에 넣어 면이 반투명해질 때까지 삶은 다음 건져서 찬물에 헹구고, 채반에 담아 물기를 뺀다.

6 팬에 당면 양념을 넣고 끓이다가 삶은 당면을 넣고 양념이 졸아들어 팬에서 당면 튀는 소리가 날 때까지 볶는다.

7 볶은 당면에 ❶, ❷, ❸, ❹와 잡채 양념을 한데 넣고 버무린 후 참깨를 뿌린다.

아스파라긴산이 많이 함유된 콩나물은 피로 회복에는
물론 감기 치료에도 좋지요. 국이나 무침에 주로 먹는
콩나물을 밀쌈으로 만들어 먹어보세요. 미나리와 고추의
맛과 향이 어우러져 더욱 맛있고, 정갈하고 깔끔한
모양이 먹는 즐거움을 배가합니다.

콩나물밀쌈

재료

- □ 콩나물 100g
- □ 미나리 50g
- □ 청·홍고추 1개씩
- □ 소금 약간
- □ 참기름 약간
- □ 부침유 2큰술
  (들기름 1큰술 +
  식용유 1큰술)

반죽

- □ 밀가루 ½컵
- □ 전분 1큰술
- □ 집간장 1작은술
- □ 물 ½컵

양념장

- □ 고추장 1큰술
- □ 식초 1큰술
- □ 사과즙 3큰술

만드는 법

1 콩나물은 꼬리만 떼어내서 소금을 넣은 끓는 물에 데친 다음 찬물에 헹군다. 물기를 빼고 소금과 참기름을 넣어 무친다.

★ 콩나물은 충분히 익혀야 비린내가 나지 않아요. 끓는 물에 콩나물을 넣은 후 뚜껑을 닫고 한소끔 끓이다가 뚜껑을 살짝 열고 손으로 김을 잡아서 비린내가 나는지 맡아보세요. 비린내가 난다면 다시 뚜껑을 닫고 더 끓여야 합니다. 비린내가 나지 않으면 뚜껑을 닫은 후 불을 끄고 한참 후에 뚜껑을 열어 콩나물을 꺼내세요.

2 미나리도 소금을 넣은 끓는 물에 데친 후 물기를 빼고 소금과 참기름을 넣어 무친다.

3 청·홍고추는 씨를 빼고 가늘게 채 썰어 소금으로 간해서 덖는다.

4 밀가루와 전분은 체에 내린 후, 집간장, 물과 섞어 반죽을 만든다.

5 팬에 부침유를 두르고 반죽을 올려 둥그렇게 펴서 밀전병을 부친다.

6 밀전병에 콩나물과 미나리, 청·홍고추를 놓고 돌돌 만다.

7 양념장 재료를 한데 섞어 양념장을 만들고 ❻에 곁들여 낸다.

절집 밥상
더하기

밀쌈에 들어가는 콩나물은 머리를 잡아서 가지런하게 정돈해주세요. 밀전병 위에 올려 말기도 쉽고 모양도 더 예쁘게 낼 수 있어요.

겨울 茶

만물이 얼어붙는 겨울, 차가운 바람과 눈보라는
기세를 떨치고 밤은 날마다 깊어져 갑니다.
추위를 이겨낼 활력을 주는 생강차와 구기자차,
치유력을 높여주는 우엉차가 몸과 마음에
따뜻한 온기를 불어넣어 줍니다.

생강차

재료 | 생강 1kg

1 생강은 깨끗하게 씻어서 껍질을 벗긴 후 물기를 제거해서 채 썬다.

2 바람이 잘 통하고 햇볕이 잘 드는 곳에서 일주일 정도 말린다.

　★ 생강을 건조기나 오븐에 넣고 5~6시간 정도 말려도 됩니다.

3 한 컵에 1작은술을 넣고 90℃의 물을 부어서 5분가량 우려서 마신다.

구기자차

재료 | 구기자 2컵, 소주 2컵

1 무쇠솥이나 바닥이 두꺼운 스테인리스 냄비 혹은 팬(음식을 한 번도 하지 않은 새것)에 소주를 넣고 센 불에 올려서 끓으면 구기자를 넣고 1회 덖는다.

2 팬을 맑은 물로 씻어내고 마른행주로 닦은 다음 소주를 넣고 센 불에 끓인다. 구기자를 넣고 덖은 후 완전히 식힌다. 9회 반복한다.

3 덖은 구기자는 채반에 올려 바람이 잘 통하는 그늘진 곳에서 하루 정도 말린다.

4 한 컵에 1작은술을 넣고 90℃의 물을 부어서 5분가량 우려서 마신다.

우엉차

재료 | 우엉 2대

1 우엉은 깨끗이 씻어 껍질을 벗기고 얇게 어슷 썰어 물기를 제거한 후 바람이 잘 통하고 그늘진 곳에서 일주일 정도 말린다.

　★ 우엉을 건조기나 오븐에 넣고 5~6시간 정도 말려도 됩니다.

2 무쇠솥이나 바닥이 두꺼운 스테인리스 냄비 혹은 팬(음식을 한 번도 하지 않은 새것)에 우엉을 넣고 약한 불에서 타지 않게 덖는다.

3 한 컵에 우엉 4~5쪽을 넣고 90℃의 물을 부어서 5분가량 우려서 마신다.

열두 달 절집 밥상 두 번째 이야기

초판 1쇄 발행 2014년 8월 28일
초판 10쇄 발행 2025년 4월 14일

저자 대안 스님

발행인 윤승현 **단행본사업본부장** 신동해 **편집장** 김예원

사진 스튜디오 707 **스타일링** 진희원, 양수정
요리팀 이선영 신희정 정삼지 이화정 오승아 외 금당사찰음식문화원 회원
그릇협찬 신현철 현대공예 **디자인** 렐리시 **교정** 정재은
마케팅 최혜진 이은미 **홍보** 반여진 허지호 송임선 **제작** 정석훈

브랜드 웅진리빙하우스
주소 경기도 파주시 회동길 20
문의전화 031-956-7351(편집) 02-3670-1123(마케팅)
홈페이지 www.wjbooks.co.kr
인스타그램 www.instagram.com/woongjin_readers
페이스북 www.facebook.com/woongjinreaders
블로그 blog.naver.com/wj_booking

발행처 ㈜웅진씽크빅
출판신고 1980년 3월 29일 제406-2007-000046호

ⓒ 대안 스님, 2014
ISBN 978-89-01-16602-5 13590